"健康贵州"丛书·第四辑

家庭自救与互救的那些事

贵州省疾病预防控制中心 编

宋 华 周永刚 唐 璐 主编

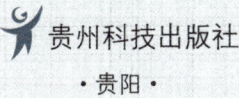

贵州科技出版社

·贵阳·

图书在版编目（CIP）数据

家庭自救与互救的那些事 / 贵州省疾病预防控制中心编；宋华，周永刚，唐璐主编. -- 贵阳：贵州科技出版社，2024.10. --（"健康贵州"丛书 / 胡远东，刘涛主编）. -- ISBN 978-7-5532-1328-6

Ⅰ. X4

中国国家版本馆 CIP 数据核字第 2024K7H606 号

家庭自救与互救的那些事
JIATING ZIJIU YU HUJIU DE NAXIESHI

出版发行	贵州科技出版社
地　　址	贵阳市观山湖区会展东路 SOHO 区 A 座（邮政编码：550081）
网　　址	https://www.gzstph.com
出 版 人	王立红
策划编辑	杨林谕
责任编辑	付　玉
经　　销	全国各地新华书店
印　　刷	贵州新华印务有限责任公司
版　　次	2024 年 10 月第 1 版
印　　次	2024 年 10 月第 1 次
字　　数	121 千字
印　　张	13
开　　本	710 mm × 1000 mm 1/16
书　　号	ISBN 978-7-5532-1328-6
定　　价	48.00 元

"健康贵州"丛书编委会

主 编：胡远东 刘 涛

编 委（以姓氏笔画为序）：

冯 军   伍恩璇   刘 涛   刘 浪

李艳辉   杨林谕   张人华   赵否曦

胡远东   徐莉娜

《家庭自救与互救的那些事》编辑委员会

主 编：宋 华　北京积水潭医院贵州医院
　　　　周永刚　北京积水潭医院贵州医院
　　　　唐 璐　北京积水潭医院贵州医院
副主编：李 琨　贵州省人民医院
　　　　徐德富　北京积水潭医院贵州医院
　　　　汪天虹　北京积水潭医院贵州医院

编 委（以姓氏拼音为序）：
　　　　陈 康　北京积水潭医院贵州医院
　　　　陈 丽　北京积水潭医院贵州医院
　　　　胡远东　贵州省疾病预防控制中心
　　　　武鹏燕　贵州医科大学附属医院
　　　　杨 燕　北京积水潭医院贵州医院
　　　　张 佼　贵州省人民医院
　　　　张 翔　贵州省第二人民医院
　　　　张雄峰　贵州中医药大学第二附属医院

避免鼻外伤；④滋润鼻腔，避免鼻腔黏膜干燥，预防呼吸道疾病。

压迫止血法示意

第八部分 儿童急救：为人父母的必修课

12. 如何处理儿童鼻出血？

鼻出血是儿童期的常见症状（是耳鼻咽喉科最常见的急症之一），轻者仅表现为涕中带血，重者可导致失血性休克。儿童鼻出血病因复杂，且与季节、气候变化及各种鼻炎有明显相关性。

应针对不同情况采取不同应对方法：鼻出血多数为自限性，家长应避免自身过度紧张而导致儿童紧张加剧，甚至哭闹，加重鼻出血。如果是涕中带血，轻轻擦拭即可；擦拭后仍有活动性出血，可采用下文压迫止血法，如果按压 10 min 后仍有活动性出血，应及时到医院就诊。如果患儿有多次较大量的鼻出血，同时伴牙龈出血、皮肤有出血点和瘀斑等情况，应及时到医院就诊。

压迫止血法：使患儿头部稍前倾，防止血液倒流入咽部引起窒息；按压患儿鼻翼而非鼻梁，中等力度压迫，既能将鼻翼压迫到鼻中隔，又不使患儿疼痛，持续至少 5 min；同时可用冷水袋或湿毛巾敷患儿前额和后颈，促使血管收缩减少出血。

如何预防儿童鼻出血：①积极治疗鼻炎，使用鼻喷药物时应避免损伤鼻中隔；②纠正儿童挖鼻孔、揉鼻子、把异物塞入鼻腔等不良习惯；③避免偏食，保障均衡饮食，

家庭自救与互救的那些事

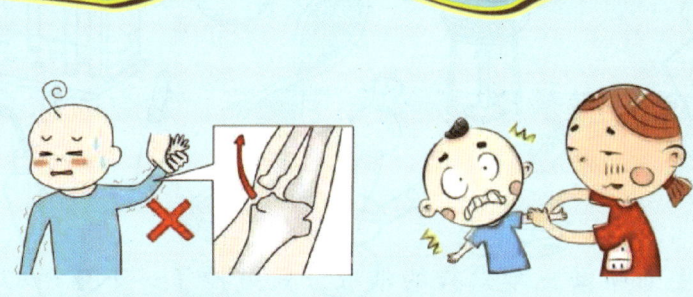

（3）治疗措施：及时到医院进行手法复位。

（4）应尽量避免以下情况：①提着胳膊走；②反抗时硬拉胳膊；③过度疯玩。

◀ 提着胳膊走路

反抗时硬拉胳膊 ▶

◀ 过度疯玩

第八部分 儿童急救：为人父母的必修课

11. 孩子的手只是被拉了一下，怎么就动不了了呢？

生活中常出现这样的情况：只是拉了一下孩子的手，孩子的这只手就动不了了。这多半是发生了桡骨小头半脱位。桡骨小头半脱位又称牵拉肘，是一种常见的儿童肘部损伤性疾病，多见于婴幼儿。

（1）诱发因素：小儿上下台阶时父母牵拉小儿手部不当，致肘部过度牵引；肘关节伸直位时跌倒，翻滚身体将上肢压在身下；协助小儿穿衣服时过度旋前牵拉等。

（2）判别指征：①肘部疼痛；②无法举起和活动患肢；③桡骨小头部位压痛。

一碰孩子右手他就哭

家庭自救与互救的那些事

适当添加电解质和糖，口服补液盐最好

10. 儿童呕吐怎么办？

呕吐是小儿常见的临床症状，多种疾病均可引起呕吐。呕吐是一种保护性反射，但是频繁和剧烈的呕吐会使患儿难受，甚至引起脱水、电解质紊乱和代谢性碱中毒。以下是儿童呕吐时的急救方法。

（1）维持呼吸道畅通。让患儿头偏向一侧，避免呕吐物呛入气管造成窒息或吸入性肺炎；保持患儿口腔清洁，呕吐后用温水漱口，清洁口腔；鼓励患儿多饮水，以防失水过多，发生脱水。

（2）合理喂养，少食多餐。饮食应清淡易消化，避免辛辣刺激的食物，以免刺激胃肠。呕吐后先进流食、半流食，逐渐过渡到普通饮食。养成良好的用餐习惯，适当地进行活动，提高身体的抵抗力及免疫力。

（3）短暂禁食。小儿的呕吐常见于消化功能紊乱，所以当小儿出现呕吐时，首先要禁食4~6h，包括开水、牛奶等。呕吐频繁时及时就诊，明确呕吐病因。注意观察呕吐情况、呕吐与饮食及咳嗽的关系、呕吐次数、吐出的胃内容物等。尽量卧床休息，不要经常变动体位，否则容易再次引起呕吐。

9. 儿童腹泻如何预防？

疾病的预防比治疗更重要，要预防儿童腹泻，可以从下列几方面着手：

（1）合理喂养。对于6个月以内的婴儿，提倡母乳喂养；对于6个月以上的婴儿，要逐渐添加辅食，由少到多，由稀到稠，由细到粗，逐渐增加。

（2）养成良好的卫生习惯，注意对奶具、餐具定期消毒。

（3）避免长期滥用广谱抗生素。

（4）对于感染性腹泻的患儿，要注意消毒隔离，防止交叉感染，因为感染性腹泻患儿的大便具有传染性。如果患儿用的是尿布，就要注意用开水烫洗，并尽量在太阳底下晒干；不要让患儿随地大小便。

（5）疫苗接种。目前国内外专家共识中确定有效的疫苗是轮状病毒疫苗，可以预防轮状病毒肠炎。

第八部分 儿童急救：为人父母的必修课

8. 儿童腹泻怎么办？

（1）调整饮食。儿童腹泻期间，饮食要以清淡的流质或者半流质食物为主，不要吃过于油腻和不好消化的食物。如果是哺乳期的孩子可继续哺乳，但要注意应暂停添加辅食。若是比较大的孩子，则可喂些米汤或其他代乳品，但应注意具体的量，要循序渐进地增加，不能一次性摄入过多。如果孩子伴有较为严重的呕吐，需要暂时禁食6h，同时注意适当补充水分，以免出现脱水的症状。

（2）药物治疗。药物主要分为保护肠黏膜药物、改善肠道菌群药物、控制感染药物等，要在儿科医生指导下服用。

（3）预防和纠正脱水。腹泻期间儿童需要口服补液盐来预防脱水，但是出现脱水的症状，就要通过静脉补液的方式进行补液。

（4）加强护理。儿童排便后，家长要用温水清洗其肛门周围，同时也要勤更换污染的衣物和被褥。

观察孩子排便的次数

(2)肠道炎症。如果肠道有炎症,大便也可以呈现咖啡色或黏稠的果酱样,大便还会出现比较臭、腐败的气味,并且小孩会肚子痛或者发烧。

(3)肠套叠病。肠套叠病是指孩子的部分肠管及其肠系膜因某些原因套入临近肠腔内所导致的疾病。本病以1岁以内的婴儿多见,发病之初患儿可出现1~2次正常大便,但4~12h后可排出含血和黏液的果酱样便,并同时伴有阵发性腹痛、哭闹、呕吐、腹部包块等。

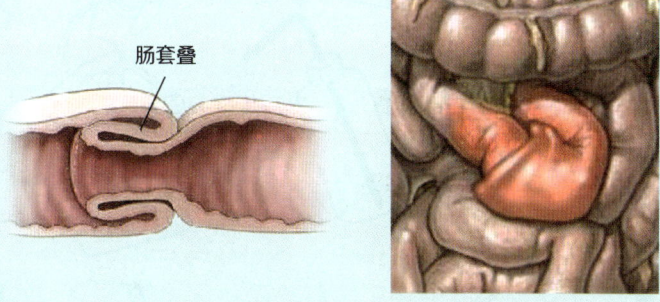

肠套叠

第八部分　儿童急救：为人父母的必修课

7. 为什么孩子会解果酱样大便？

果酱样大便一般指的是大便颜色发红，较为黏稠，不成形。

以下是导致儿童出现果酱样大便的三种情况：

（1）肠道功能紊乱。儿童因为生理结构的特点，肠道功能容易发生紊乱，典型表现是阵发性哭闹。如果是小婴儿，因不会说话，家长可能会疏忽。肠道功能发生紊乱后，有些孩子过了6~7h，就会出现果酱样大便。通常这个时候其精神状态比较差，会出现呕吐、面色难看等症状。

6. 孩子发烧抽筋怎么办?

发烧抽筋指的是发热（体温在38 ℃以上）导致的抽筋。发烧抽筋的孩子主要表现为意识丧失（叫名字无反应）、摔倒、身体僵直、四肢抽动、口唇发绀、双眼上翻或凝视、牙关紧闭、口吐白沫。

（1）错误处理方法：①掐人中；②撬牙关；③喂食或强行喂药。

（2）正确处理方法：①让孩子侧卧，使其头偏向一侧，清理口腔分泌物以防止误吸；②拿开孩子身边的尖锐物品（如剪刀等），防止受伤；③如果孩子衣服过紧，要设法松开衣服；④可采用物理降温，如将冰袋置于孩子的额头、腹股沟、腋窝等处，或用温水擦拭孩子的皮肤（禁止擦拭心前区和腹部）；⑤及时到医院就诊。

掐人中　　撬牙关　　喂食

⚠ 保持侧卧，头偏向一侧，清理口腔分泌物
⚠ 保持呼吸道通畅，避免窒息

第八部分 儿童急救：为人父母的必修课

1~3贴，每贴使用8 h。（注意，退热贴不要贴在眉毛、头发、眼部等处和有伤口或是皮肤异常的地方。）

（4）出现下列发烧情况必须带孩子到医院就诊：①3个月以内的小宝宝发烧；②3个月以上的小宝宝发烧，精神状态不好；③孩子发烧已退，但精神状态依然非常不好；④孩子发烧时出现了头痛、嗓子痛、呕吐或腹泻、皮疹以及抽搐等症状；⑤2岁之内的孩子发烧已经超过24 h不退；⑥2岁以上的孩子发烧已经持续超过3 d的时间；⑦无论多大的孩子，体温反复超过38.5 ℃。

用温水擦拭身体

冰袋降温

使用退热贴降温

5. 孩子发烧怎么办？

腋温超过 37.3 ℃ 视为发烧。孩子发烧是一种常见现象，发烧本身是身体保护机制之一，是身体的免疫系统与疾病做斗争的过程，所以家长们不必过于担心。孩子剧烈哭闹或运动、衣被过厚、环境温度过高等也会导致体温升高，需注意排除。下面我们一起了解孩子发烧常用的处理方法。

（1）温水擦浴法。当孩子体温超过 39.5 ℃ 时，可将一块柔软的毛巾放入 30 ℃ 左右的温水中浸湿，再把毛巾取出拧干至不滴水，给孩子重点擦拭颈部、腋下、肘窝、腹股沟等大血管丰富的部位；也可用 40 ℃ 左右的温水给孩子洗浴，注意不可让孩子着凉。禁忌擦拭胸前区、腹部、后颈部、足心部。

（2）冰敷法。从冰箱取出自制的冰块，装在塑料袋中扎紧，并多套几层，以避免冰块化水后漏出，然后用柔软的毛巾包裹上。将冰袋放在孩子的前额、颈部、腋下或是腹股沟等有大血管流经的地方。两三分钟换一次，直到孩子的高热退下。如果孩子脸色发青、哆嗦、皮肤发紫或是发凉时要立即停止使用。对男孩子要特别注意冰袋不要碰到其阴囊处，以避免冻伤阴囊。

（3）使用退热贴。退热贴是每个家庭常备用品，一般贴在额头上或是太阳穴上，也可贴在颈部大椎穴上。每天

第八部分　儿童急救：为人父母的必修课

4. 孩子窒息如何处理？

（1）如果是1岁以下儿童，发现异物呛入后，请按以下步骤操作：①先将婴儿面朝下放在手臂上，手臂贴着前胸，大拇指和其余四指分别卡在下颌骨位置，另一只手在婴儿肩胛骨中间位置拍5次；②如果异物还没有吐出，立即将婴儿翻过来，头朝下脚朝上，面对面放在大腿上，一手固定在婴儿头颈位置，另一手用示指和中指快速压迫胸廓中间位置重复5次；③重复上述两个步骤，直至异物排出。

（2）如果是1岁以上儿童，发现异物呛入后，请按以下步骤操作：①施救者站在被救者身后，两手臂从身后绕过伸到肚脐与肋骨中间位置；②施救者一手握成拳，另一手包住拳头，快速而有力地向内上方冲击，直到异物排出。

做完急救后，即使异物已经被排出，也应该立即到医院，检查孩子是否存在其他损伤。

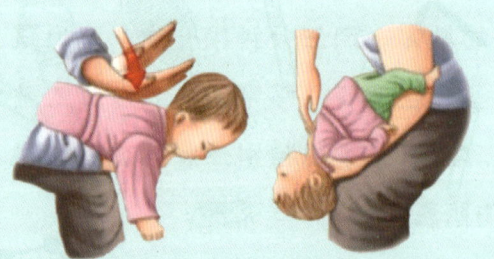

1岁以下儿童

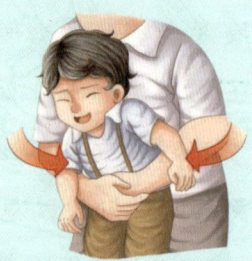

1岁以上儿童

3. 如何防范孩子窒息？

孩子窒息主要由以下两种情况导致。一种是异物进入气管，孩子把珠子、硬币、玩具零件、纽扣、笔帽、干燥剂等放进口中，异物误入气管；吃花生米、黄豆、腰果等时不慎将食物吞进气管；进食时说话、笑、哭、跑等导致食物呛入气管；给孩子喂药时方法不当，捏紧鼻子喂药，导致药粒进入气管。另一种是孩子口鼻被蒙，由于被蒙而造成供氧不足。

防范孩子窒息要注意以下几点：①孩子进餐前要细心观察饭桌周围有没有危险物品；②孩子进食时避免逗笑、责备和恐吓，不要让孩子在奔跑、讲话时进食；③孩子上床躺下后不再给其小饼干、糖果等零食；④服药时要把药片弄碎，用小勺顺着孩子嘴角喂，不要捏着鼻子给孩子灌药；⑤不给孩子玩硬币、小球、纽扣等物品；⑥孩子1岁半前尽量不给他吃整粒的豆类、花生米等不易嚼碎的食品，要经常检查玩具的细小零件是否牢固；⑦不要让3岁以下的孩子玩细小的东西，尤其不要让其把玩具放入口中；⑧要消除孩子在睡眠中潜在的危险，不要让小婴儿趴着睡觉，孩子和家长同睡时不要压住孩子，不要蒙头睡觉；⑨告诉孩子，不要把脑袋伸进塑料袋内，不要在柜子和箱子内玩捉迷藏。

2. 新生儿黄疸怎么办?

黄疸是新生儿时期常见病症,指的是新生儿体内胆红素累积引起的皮肤、巩膜(眼白)等黄染的现象。大部分新生儿黄疸不严重,会自行消退,不会对身体造成伤害。针对新生儿不同类型的黄疸,可采取不同的处理方式。

(1)生理性黄疸。生理性黄疸一般在宝宝出生后2~3 d开始出现,4~5 d到达高峰,10~14 d消退,早产儿可延迟至3~4周消退。除皮肤、巩膜(眼白)部分出现轻度黄染外,宝宝一般情况良好。宝宝出现生理性黄疸时,应尽早母乳喂养,保持大便通畅,多给宝宝吸奶水,让宝宝多吃多拉;适当补充益生菌;多晒太阳,主要晒脑后部、背部和小屁屁,最好选择在上午10点和下午4点晒,遮住眼睛,注意保暖,不要晒伤宝宝。

(2)病理性黄疸。宝宝在出生后24 h内全身皮肤颜色偏深橙黄色,经常哭闹,而且嗜睡、不肯吃奶,黄染现象迟迟不退,即为病理性黄疸。宝宝出现病理性黄疸时,应前往医院进行蓝光照射治疗。

十个宝宝九个黄 黄疸

家庭自救与互救的那些事

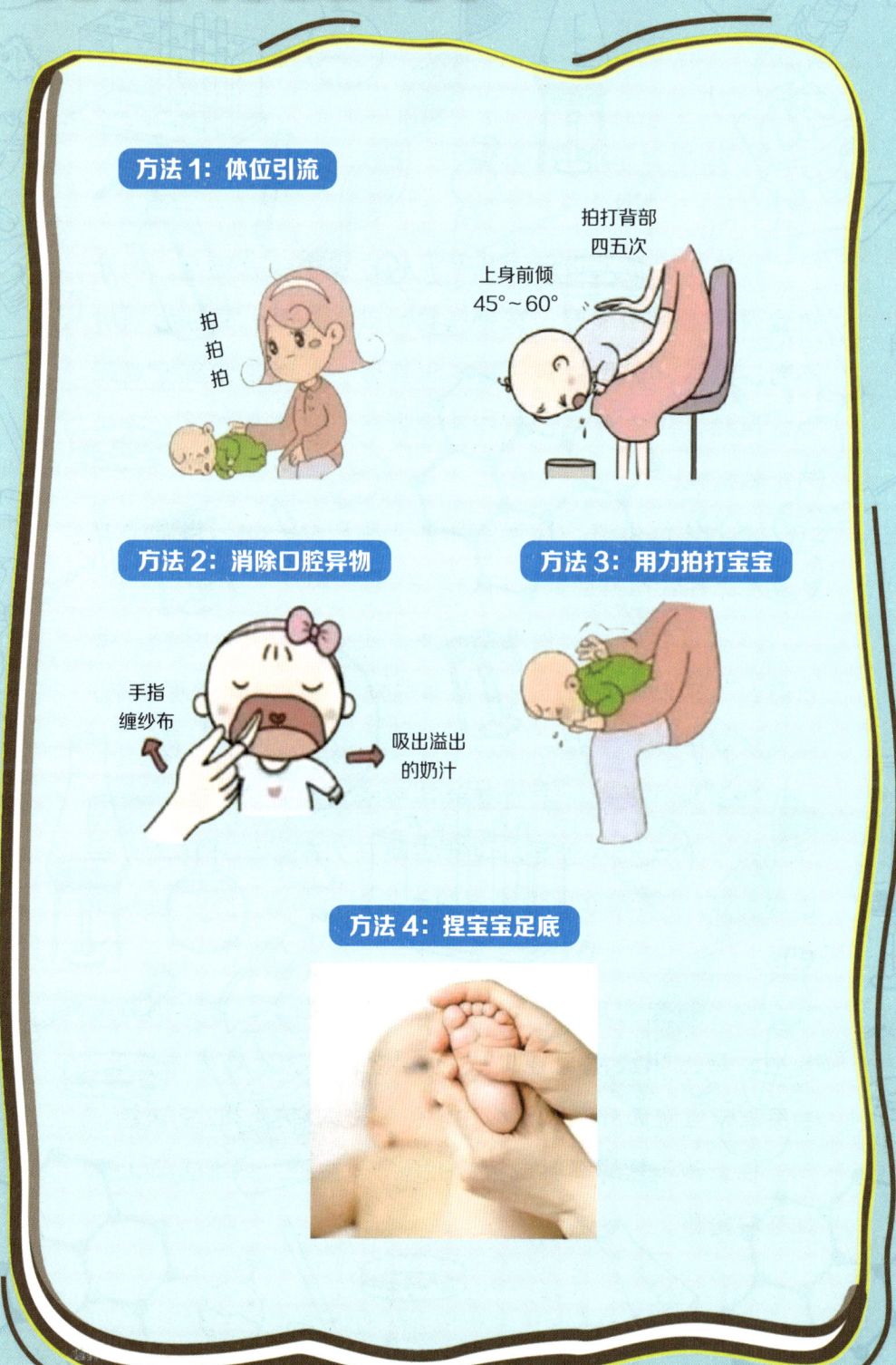

178

第八部分　儿童急救：为人父母的必修课

1. 新生儿呛奶怎么办？

新生儿呛奶是指新生儿在吃奶过程中或吐奶后，奶汁由食道逆流到咽喉部，在吸气瞬间误入气管，表现为呼吸不畅、憋气、面色红紫、哭不出声等。此时宝宝有窒息死亡的风险，应争分夺秒进行急救处理。以下是新生儿呛奶的急救措施：

（1）体位引流。让宝宝侧卧，脸侧向一边，用空掌心由下至上轻轻拍其后背。切记严禁竖着抱！

（2）清理口腔。如吐奶较多，迅速用纱布、手帕、毛巾卷在手指上伸入口腔内甚至咽喉处，快速将奶清理出来，以免阻碍呼吸。

（3）拍打背部。宝宝憋气不呼吸或脸色变暗时，表示吐出物可能已进入气管，让宝宝趴在大人膝上或床上（硬质床），用手掌根部在宝宝肩胛之间用力拍背5次，使其能咳出。

（4）弹宝宝足底。如果以上步骤都做了，宝宝仍旧无反应，马上弹或捏宝宝足底板，宝宝因感觉疼痛而哭叫，会哭表示宝宝能呼吸，目的在使氧气进入肺部，以免缺氧。

在上述抢救的同时应拨打120急救电话，或准备马上送往医院抢救。

第八部分
儿童急救：为人父母的必修课

10. 如何预防肝炎的家庭传播？

肝炎在我国发病率较高，其中以乙型肝炎最为突出，采取正确有效的预防措施能大大降低新病例的发生，减少社会的经济负担。《慢性乙型肝炎防治指南（2022年版）》指出：对首次确定的乙肝阳性者，如符合传染病报告标准的，应按规定向当地疾病预防控制中心报告，并建议对其家庭成员进行乙肝两对半检测，对易感者接种乙型肝炎疫苗。慢性乙肝感染者应避免与他人共用牙具、剃须刀、注射器及采血针等，禁止献血、捐献器官和捐献精子等，并定期接受医学随访；其家庭成员或性伴侣应尽早接种乙型肝炎疫苗。对乙肝表面抗体阴性母亲的新生儿，应在出生后12 h内尽早接种重组酵母乙型肝炎疫苗，分别在1、6个月时接种第2和第3剂乙型肝炎疫苗。

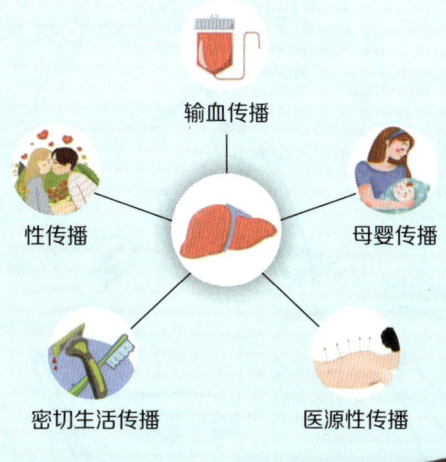

第七部分　传染病防治：将"它"扼杀在流行之前

9. 如何预防结核病的家庭传播？

结核病是一种由结核分枝杆菌引起的传染病，主要通过空气飞沫传播。在家庭中，预防结核病的传播需要采取以下几个方面的措施：

（1）保持室内空气流通，经常开窗通风，确保室内空气新鲜，降低结核分枝杆菌在空气中的浓度。

（2）避免与患者密切接触。结核病患者在传染期应避免与家人密切接触，尤其是免疫力较低的家人。

（3）佩戴口罩。在家庭成员中，如果有人患有结核病，其他成员在与患者接触时应佩戴口罩，以防止吸入结核杆菌。

（4）分开用餐。结核病患者应与家人分开用餐，餐具也要分开清洗和消毒，以减少消化道传播的可能性。

（5）定期消毒。对患者居住的房间和接触的物品定期消毒，可以使用紫外线灯、酒精或 84 消毒液等。

（6）接种疫苗。对于尚未感染结核杆菌的家庭成员，可以接种卡介苗以预防结核病。

8. 手足口病家庭如何处理？

手足口病是由肠道病毒引起的一种儿童传染病，好发于5岁以下儿童，传染源多为患儿及隐性感染者，密切接触为主要的传播方式。一般在1周左右痊愈，多数患儿预后好，无后遗症，但有少数患儿发展迅速，引起神经系统损伤。若是家中出现手足口病患儿应当注意隔离，避免交叉感染，做好患儿口腔及皮肤护理，注意患儿保暖，勤更换衣物，保持个人习惯卫生，勤洗手，不要让患儿喝生水、吃生冷食物，对儿童玩具、常接触的物品（如餐具、个人物品）定时消毒，避免其他儿童与患儿接触。家中卫生间、室内门窗把手、桌面、地面注意定期清洁。目前预防手足口病的肠道病毒71型灭活疫苗已经使用多年，其安全性、有效性已得到了广泛的实践检验，故鼓励适龄儿童积极接种。

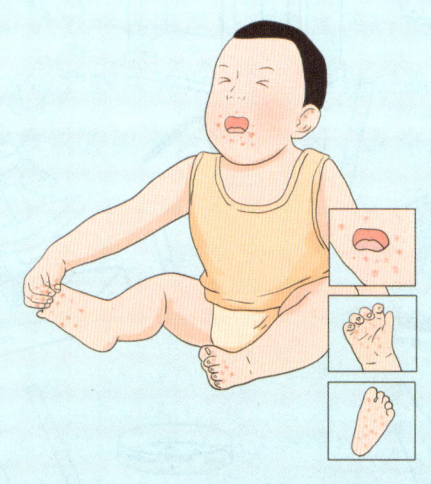

第七部分 传染病防治：将"它"扼杀在流行之前

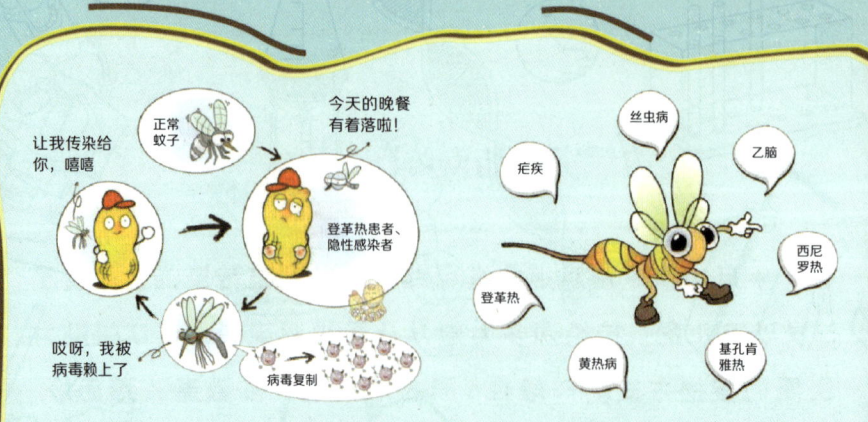

7. 为什么易拉罐饮料不要直接对嘴喝？

有报道指出，因直接对口接触易拉罐导致一些人出现以发热、出血、休克为特征的能引起肾脏损害的出血热。出血热是由汉坦病毒引起的，是以鼠类为主要传染源的自然疫源性疾病，其传染性和危险性均较高。该疾病以颜面发热，颈及前胸部充血潮红，眼眶、头及腰部疼痛为典型症状和表现。目前我国流行的主要有汉坦病毒和汉城病毒。易拉罐由于在运输、储藏过程中容易受鼠类动物唾液、排泄物污染而携带大量汉坦病毒，因此，建议不要直接对嘴喝罐内饮料，提倡用吸管饮用。

你应该这样子放置吸管

6. 蚊子会传播哪些疾病？

蚊子传播的疾病多达几十种，其中最常见的有以下几种：

（1）疟疾。主要通过雌性按蚊叮咬传播。

（2）丝虫病。这是由班氏丝虫和马来丝虫引起的一种寄生虫病，主要通过库蚊、按蚊和伊蚊叮咬传播。丝虫病的早期症状包括淋巴管炎和淋巴结炎，晚期可能导致象皮肿、乳糜尿等。

（3）流行性乙型脑炎。这是一种由乙型脑炎病毒引起的急性传染病，主要通过三带喙库蚊等蚊种传播。症状包括高热、意识障碍、脑膜刺激征等。

（4）登革热。这是由登革病毒引起的急性感染性疾病，主要通过白纹伊蚊和埃及伊蚊等蚊种传播。登革热的临床特点是发热、皮疹、肌肉和关节酸痛、淋巴结肿大等。

（5）黄热病。这是由黄热病病毒引起的急性传染病，主要通过伊蚊传播。黄热病的症状包括发热、出血、黄疸等，主要分布在非洲和南美洲。

除了上述疾病外，蚊子还可能传播其他疾病，如基孔肯雅热、西尼罗热、裂谷热等。

第七部分 传染病防治：将"它"扼杀在流行之前

5. 为什么不可以生食水产品？

夏日炎炎，生鱼片、醉虾、呛蟹等生腌水产品都是美味，但有不少人食用后感染寄生虫。生鲜食品如果没有达到质量标准、被污染或者滞留时间过长，都会有寄生虫和细菌滋生。国内最常见的就是淡水鱼里面的肝吸虫，又称华支睾吸虫，还有海鱼里面的异尖线虫。如果食用了被肝吸虫感染的生鱼片，虫体可能会寄生在人体胆管、胆囊内，引起胆管炎、胆囊炎、胆结石等，增加肝硬化、肝癌的发生风险。有研究报道，华支睾吸虫引起肝硬化和肝癌的风险是正常情况下的5倍左右，一般在4.5~6.1倍。有调查报告指出，生食水产品、养殖水受病原微生物污染严重，霍乱弧菌广泛分布于海水、淡水及水产品中，作为一种急性致病菌引起重视。有关资料显示：经卫生监督部门检测，很多水产品中大肠杆菌、金黄色葡萄球菌、沙门氏菌、志贺氏菌和副溶血性弧菌的菌落总数等检测指标均不合格，故不建议生食河鲜。

其他家庭成员保持1 m以上距离。

（6）其他人员减少进入感染者居住房间的次数，需要进入时要佩戴好医用外科口罩，离开后立即洗手或进行手消毒。

（7）采用非接触的方式传递物品，未感染的家庭成员接触感染者使用过的物品后应洗手或进行手消毒。

（8）感染者居家期间应该做好通风，至少每日开2次窗通风，每次30 min。室外温度允许时可以保持窗户开启，随时通风。通风期间，做好保暖和防暑，也可以采用排气扇机械通气，家用分体空调和集中空调可以正常使用，全空气系统的集中空调使用时要关闭回风。

第七部分 传染病防治：将"它"扼杀在流行之前

4. 新型冠状病毒感染如何预防？

新型冠状病毒（SARS-CoV-2）属于β属的冠状病毒，有包膜，颗粒呈圆形或椭圆形，直径60~140 nm。传染源主要是新型冠状病毒感染者，在潜伏期即有传染性，发病后3 d内传染性最强。采取以下措施，可有效预防新型冠状病毒感染。

（1）保持良好的个人及环境卫生，均衡营养、适量运动，保证充足的睡眠，避免过度疲劳。

（2）提高健康素养，养成"一米线"距离、勤洗手、勤戴口罩、公筷制等卫生习惯和生活方式，打喷嚏或咳嗽时，应掩住口鼻。

（3）保持室内通风良好，做好办公室等区域物体表面的清洁和消毒工作。

（4）鼓励接种新型冠状病毒疫苗，对于65岁及以上老年人、孕产妇、儿童、有基础疾病者、未接种或未全程接种新型冠状病毒疫苗者、3岁以上无接种禁忌证、符合接种条件的重点人群应该强化疫苗接种、健康宣教，强调减少外出，注意保暖，开展正确的医疗保障。

（5）居家感染者生活、用餐应该尽量限制在居住的房间内，必须离开房间时，需要规范佩戴医用外科口罩，与

3. 禽流感只有家禽会患病吗？

禽流感病毒是一类可以引起禽类感染的流感病毒，它能引起大多数家禽、野生水禽感染。部分禽流感病毒已经跨种属传播感染人群，目前主要致病亚型为 H5N1、H9N2 和 H7N7，其中以 H5N1 病死率最高。H5N1 禽流感一直在我国南方的家鸭中流行，使得我国的家禽养殖业受到较大威胁。野鸟疫情主要发生在途经我国的候鸟迁徙路线中的省份和繁殖地，如新疆、青海、西藏、辽宁等地。1992 年我国广东首次出现 H9N2 的暴发流行，该病毒主要感染家禽，但是也有猪、野鸟中出现的报道。人患禽流感通常较普通型流感病情重，病死率高，预后与感染的病毒亚型有关。感染 H9N2、H7N7 者，大多预后良好；而感染 H5N1 者预后较差。对于曾到过疫区，或与禽类及其排泄物、分泌物等有密切接触史，以及与人禽流感患者有密切接触史者，如在 1 周内出现流感样症状也应进行医学观察，完善病原学检查，必要时送医院治疗。

第七部分 传染病防治：将"它"扼杀在流行之前

2. 流行性感冒有哪些症状？

流行性感冒（以下简称"流感"）是一种急性呼吸道传染病，呈季节性流行，每年 10 月陆续进入冬春季流行季节；起病急，虽然大多为自限性，但部分患者因出现肺炎等并发症或基础疾病加重发展成重症病例，少数病例病情进展快，可因急性呼吸窘迫综合征、多器官功能不全等并发症而死亡。重症流感多发生在老年人、年幼儿童、肥胖者、孕产妇和有慢性基础疾病者等高危人群，也可发生在一般人群。目前感染人的主要是甲型流感病毒中的 H1N1、H3N2 亚型及乙型流感病毒中的 Victoria 系和 Yamagata 系。传染源为患者及隐性感染者，从潜伏期末至急性期均有传染性。该疾病可通过感染者打喷嚏和咳嗽带出的飞沫，经口腔、鼻腔及眼睛等黏膜接触被感染者的分泌物传染。感染后一般潜伏期在 1~7 d，多为 2~4 d，较普通感冒症状加重，可根据流行病学调查明确诊断，以发热、头痛、肌痛为主要表现，体温可达 39~40 ℃，可有畏寒、寒战，多伴全身肌肉关节酸痛、乏力、食欲减退等全身症状。儿童的发热程度通常高于成人。患乙型流感时恶心、呕吐、腹泻等消化道症状多见。多于发病 3~5 d 后发热症状逐渐消退，全身症状好转，但咳嗽、体力恢复常需较长时间。高危人群感染流感病毒后较易发展为重症病例，应当给予高度重视，尽早给予抗病毒药物治疗。

药物等。对于成人患者，若咳嗽影响生活起居，难以忍受，建议首选含蜂蜜的制剂治疗；若无咳痰症状，可给予右美沙芬镇咳药治疗。

第七部分 传染病防治：将"它"扼杀在流行之前

1. 普通感冒如何防治？

普通感冒（简称"感冒"）是一种局限于上呼吸道的病症，常见致病菌主要有鼻病毒、冠状病毒、流感和副流感病毒等。其中鼻病毒引起的感冒占比约为50%，冠状病毒、流感病毒和副流感病毒引起的各占20%~25%。感冒以咽痛、打喷嚏、头痛、全身不适、畏寒、发热、流涕、鼻塞和咳嗽等为主要表现，其中鼻塞和流涕是最突出的令患者感觉不适的症状。症状多在3~5 d后迅速缓解，但流涕、鼻塞和咳嗽等症状会持续1周以上。若症状持续5 d不缓解反而加重或症状持续时间超过10 d，并出现稠厚脓性鼻涕和痰液、咽部疼痛加剧、发热≥38 ℃伴呼吸困难等症状，则须进一步检查。

治疗：保持室内通风，可给予维生素C预防治疗，多数不予抗病毒治疗，但是在发病后的5 d出现脓性鼻腔分泌物时建议予抗生素治疗。对于有哮喘、慢性阻塞性肺疾病，感冒超过7 d或5 d后症状加重者，建议送医院治疗以排除继发性细菌感染。针对发热及疼痛患者，建议使用对乙酰氨基酚或是其他非甾体药物如布洛芬治疗，但是孕妇慎用包括对乙酰氨基酚在内的非甾体药物。对于有急性咳嗽的感冒患者，不建议单用解热镇痛药物、祛痰药物及镇咳

第七部分
传染病防治：将"它"扼杀在流行之前

第六部分　急性中毒：火眼金睛　快速识别

9. 重金属中毒怎么办？

重金属是指密度在 4.5 g/cm^3 以上的金属，它主要通过呼吸道、消化道、皮肤 3 种途径侵入人体，临床上最常见的是汞、铅、铊及镉等重金属所致的中毒。最常见的重金属中毒的途径为工矿企业排放的废水引起水质的污染，污染水中动植物、土壤，由于重金属不能够被土壤微生物分解，易在土壤中累积，对蔬菜、粮食等农作物食品安全造成威胁，并最终进入人体造成中毒。人中毒后常出现头痛、乏力、失眠、多梦、记忆力减退等症状，部分患者出现情绪、性格改变，焦虑、抑郁、急躁、易激动、不自主哭笑、性格孤僻、情感淡漠、动作反应迟缓等症状。

治疗方案：一旦发现重金属中毒者，应及时送往医院救治。一般治疗是给予洗胃、催吐和导泻治疗，出现神经系统损害需要驱毒治疗。治疗时间较长，但多数可获得较好疗效。

8. 亚硝酸盐中毒怎么办?

亚硝酸盐是一种工业原料,为白色结晶或粉末,味苦而咸,外观性状与食盐、白糖极为相似。急性亚硝酸盐中毒是由于误服了含有亚硝酸盐的食物后,导致的头晕、头痛、呕吐、全身皮肤黏膜青紫、休克,甚至死亡。摄入 0.3~0.5 g 即可引起中毒,摄入 3 g 即可导致中毒死亡。亚硝酸盐误食后很快被人体消化系统吸收,进而将血液中的低铁血红蛋白氧化为高铁血红蛋白,而高铁血红蛋白没有携氧功能,从而会引起组织缺氧、中毒。对此,改善组织缺氧极为重要。

亚硝酸盐中毒的临床表现:轻型,出现心慌、头晕、头痛、口唇和甲床发绀、四肢发凉等症状,无患者死亡;重型,出现口唇、甲床青紫,面色发绀,呼吸困难等症状,无患者死亡;极重型,患者除有以上表现外,还会昏迷并伴有抽搐,甚至死亡。

治疗方法:针对轻型患者,可采取"高流量吸氧—催吐—洗胃—导泻"流程治疗,并给予亚甲蓝、维生素 C 解毒治疗;针对重度及极重度患者,需要系统治疗。

第六部分　急性中毒：火眼金睛　快速识别

毒伞　　毒红菇　　豹斑毒伞　　毒杯伞
毒蝇伞　　毒粉褶菌　　小毒红菇　　致命白毒伞

7. 蘑菇中毒怎么办?

毒蘑菇又称毒菌或毒蕈，属大型真菌类。蘑菇中毒有区域性、季节性发病特点，常为群体性发病，其中以肝毒性的鹅膏菌属品种中毒病死率最高（高达80%）。蘑菇中毒的临床表现多样复杂，以胃肠道症状常见，根据摄入量不同，引起不同靶器官损伤，在我国病死率较高，以6—9月发病最多。通常潜伏期6 h，一般在10~14 h出现症状。初期胃肠道症状有"假愈期"；36~48 h后出现黄疸、出血、胆酶分离、急性肝衰竭等症状，以及少尿，血肌酐、尿素氮升高伴有四肢酸痛、尿色加深等横纹肌溶解的表现。

为明确诊断，应快速了解有无蘑菇食用史，共同进食者是否发病，起病症状及进食至发病时间，食用一种还是多种蘑菇，有无留存蘑菇实物或照片，有无饮酒，等等。明确诊断后应立即阻止毒物吸收，自行催吐或去医院进行催吐、洗胃及导泻处理，对于致死率高的毒蘑菇，应将患者立即送往医院处理。为了预防该疾病的发生，平时应该阅读毒蘑菇典型图谱资料，了解野生毒蘑菇识别知识。一般菌盖呈扁半球形到扁平形，菌柄近端附白色菌环，根部有球形菌托，即通俗上所称的"头上戴帽，腰间系裙，脚上穿鞋"为毒蘑菇。

6. 百草枯中毒怎么办？

百草枯是一种高效除草剂，短时间内接触后以急性肺损伤为主，伴有肾、肝功能等多个器官损伤，经口服的病死率最高，致死量为 20~40 mg/kg，相当于 20% 溶液 5~15 mL。百草枯可经消化道、呼吸道和皮肤吸收，以消化道吸收最常见，吸收速度快，0.5~4.0 h 可致病，其毒理机制包括氧化应激反应、线粒体损伤、免疫和炎症反应失衡等。百草枯入血后以游离状态存在，可经尿液排出；经口消化道未被吸收的部分随粪便排出。虽然进入体内的百草枯 90% 在 24 h 内随尿液及粪便排出，但 10% 可再次进入组织或血液致病。

临床表现：口腔和咽部有疼痛、灼烧感，伴吞咽困难、恶心、呕吐、腹痛、腹泻，甚至急性肝衰竭；胸闷、气促常见于 3~7 d，14~21 d 呼吸困难加重达到高峰，甚至出现急性呼吸窘迫综合征；神经系统出现头痛、头晕、嗜睡、烦躁不安、手足震颤、抽搐，甚至意识障碍症状；循环系统出现心悸、血压下降症状。

治疗：脱离毒源，冲洗受污染部位，皮肤接触处用清水或肥皂水冲洗 10~15 min，禁止剧烈擦洗；及时催吐，尽快洗胃，早期应避免常规给氧。

致死。大多数患者身上会有特殊的大蒜臭味,临床表现有恶心、呕吐、腹泻、多汗、尿频、大小便失禁、胸闷、咳嗽、气促、心率减慢和瞳孔缩小、肌纤维颤动、昏迷及抽搐等症状。

对杀虫剂中毒者,应先让其远离毒物,清洗皮肤及更换衣物,以减少皮肤和黏膜接触。误服者应催吐,并立即送入医院洗胃、解毒,必要时血液透析治疗。

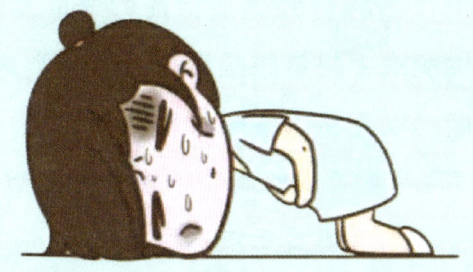

第六部分 急性中毒：火眼金睛 快速识别

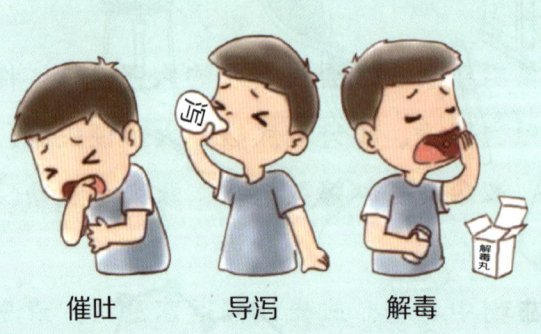

催吐　　　导泻　　　解毒

5. 杀虫剂中毒怎么办？

杀虫剂中毒以拟菊酯类农药和有机磷农药中毒多见，毒素可经人体呼吸道黏膜、皮肤及消化道吸收致病。拟菊酯类农药影响了多种神经递质物质的合成、释放和代谢，产生神经毒性造成中枢系统损害。拟菊酯类农药中毒的临床表现：轻度，以头疼、头晕、恶心、呕吐、视物模糊等为主要症状，未见明显阳性体征，多于发病数小时内出现；中度，出现流涎、嗜睡或烦躁不安等症状，肺内可闻及湿性啰音及肌束震颤等体征；重度，出现昏迷、四肢抽搐、角弓反张、皮肤发绀及呼吸衰竭等症状，抽搐表现为每次发作持续 0.5~2 min，每天发作 30~40 次。有机磷农药中毒会导致患者体内乙酰胆碱大量蓄积，出现毒蕈碱样、烟碱样、中枢神经系统症状，严重者可引起昏迷和呼吸衰竭

4. 急性食物中毒怎么办?

急性食物中毒的致病因素有很多，最常见的是细菌性中毒，主要致病菌为沙门氏菌、志贺菌、副溶血性弧菌和金黄色葡萄球菌。急性食物中毒的临床表现为恶心、呕吐、腹泻，严重时会休克。有研究显示：鱼、虾、贝类等产品引起的食物中毒多为副溶血性弧菌和沙门氏菌感染，其次为金黄色葡萄球菌感染；即食凉拌菜引起的食物中毒常见沙门氏菌和金黄色葡萄球菌感染；蔬菜类食物引起的食物中毒多见大肠埃希菌、鲍氏志贺菌等感染；乳制品、肉类食物引起的食物中毒多见金黄色葡萄球菌及沙门氏菌感染。近期有研究显示：很多私人生产的发酵类食物如臭豆腐、食用罐头、香肠、腊肉、火腿及鱼类制品中有肉毒素的存在。肉毒毒素是肉毒梭菌分泌的一种强致死性的神经毒素，感染后临床表现为头晕、无力、视物模糊、吞咽困难，伴胃肠道症状，潜伏期为 6 h 至 8 d，一般为 12~48 h。

对于一般胃肠细菌性中毒者，可予对症治疗，一般不用抗生素治疗；出现剧烈呕吐时，可予口服补液治疗；对于出现发热、全身中毒反应较重者，建议立即送往医院治疗；对于神经源性食物中毒，即肉毒毒素中毒者，建议送往医院治疗。

3. 安眠药中毒怎么办?

安眠药中毒以艾司唑仑中毒最为常见。根据临床表现，可分为轻度、中度和重度。轻度，一般表现为嗜睡、言语不清、步态不稳，但有判断力、生命体征平稳；中度，表现为浅昏迷、呼吸浅慢、不能对答、疼痛刺激有肌肉收缩表现、不能自主睁眼；重度，表现为深昏迷样、呼吸抑制、下肢反射亢进、血压下降、少尿、瞳孔缩小，甚至发生休克。

对轻度中毒者，可催吐后送入医院进行洗胃及导泻治疗；对中重度中毒者，切勿催吐，以免发生误吸，注意保持呼吸道通畅并予侧卧位。安眠药中毒洗胃最佳时间在服药后的 1 h 内，对于服用量大者，在服药后 4~6 h 内进行洗胃仍有必要，最长时限可放宽至 12 h。故发现后应立即送往医院就诊。

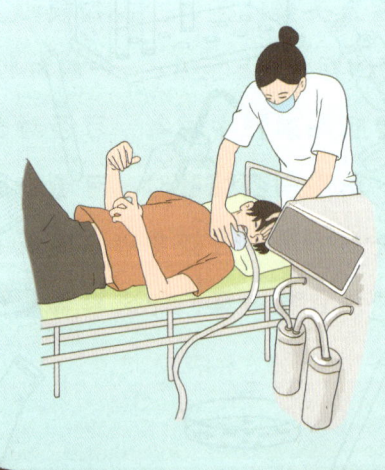

2. 不慎饮用假酒（甲醇）怎么办？

假酒中毒多在生活中发生，以甲醇为主要毒物，常导致严重的视力障碍。甲醇主要作用于神经系统，对视神经和视网膜有特殊的选择作用，会导致细胞变性、神经萎缩，进而引起失明。甲醇口服后多于 30~60 min 后在体内含量达到峰值。甲醇的中毒症状主要为甲醇本身及其代谢产物甲醛和甲酸对机体造成的损害表现。因此甲醇口服后并不会立即表现出所有中毒症状，多经过 8~36 h 的潜伏期才逐渐表现出来，有饮酒史患者潜伏期更长。其表现多为中枢系统症状，如头晕、头痛、小脑功能失调。中毒后 2~3 d 出现精神症状，如谵妄、多疑、恐惧。眼部损害表现为双眼疼痛、视物不清、瞳孔扩大、对光反应减弱。轻度、中度中毒表现为头痛、眩晕、嗜睡及意识模糊，重度中毒出现昏迷、抽搐等脑水肿表现。

治疗方法：由于吸收迅速，故无法洗胃，保持呼吸道通畅，注意保护眼睛、避光，尽快送医院治疗。

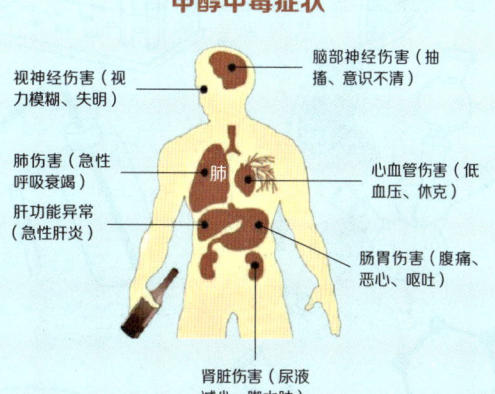

甲醇中毒症状

第六部分 急性中毒：火眼金睛 快速识别

1. 家人酒精中毒（醉酒）怎么办？

急性酒精中毒已成为常见的中毒疾病，该疾病发生率呈逐渐上升趋势，并且存在很多的并发症。如有明确饮酒史，呼出气体及呕吐物可闻及酒味即可诊断该疾病。酒精中毒根据临床表现可分为轻度、中度和重度三级。轻度仅表现为情绪兴奋，无攻击行为，嗜睡但可唤醒。中度具备以下表现之一：①昏睡，疼痛刺激能唤醒；②有攻击行为且不能经言语缓解，伴有步态不稳状态。重度具备以下表现之一：①中度至深度昏迷样，不能被唤醒；②出现肢端冰冷、口唇青紫症状。

单纯轻度中毒者不需要治疗，居家观察，注意保暖，保持侧卧位以避免误吸呕吐物或是呼吸道阻塞等并发症；由于酒精吸收迅速，故单纯中毒者不需要洗胃治疗。中度、重度中毒者建议送医院治疗。

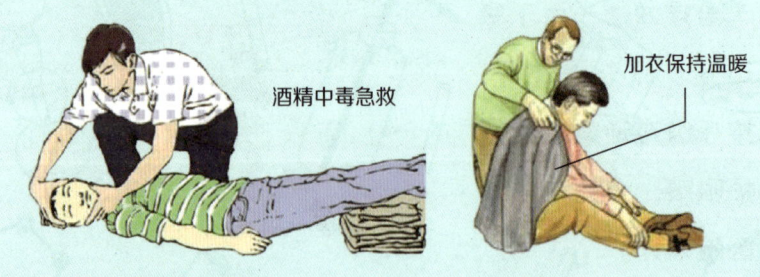

酒精中毒急救　　加衣保持温暖

第六部分
急性中毒：火眼金睛快速识别

家庭自救与互救的那些事

（3）地下室是躲避龙卷风比较安全的地方，如果有地下室，要躲避到地下室，不要跑向屋顶和高处。

（4）切忌躲在车里，车和一般的小平房一样，并没有抵御龙卷风的能力。尽可能把车开进涵洞、隧道等安全场所。

10. 遇到龙卷风如何自救？

龙卷风是一种极端天气现象，通常发生在暴风雨、雷暴等天气条件下，通常伴随着很大的破坏力，造成人员伤亡和财产损失。

以下是遇到龙卷风时可以采取的自救措施：

（1）如果在野外，应以最快的速度朝与龙卷风前进路线垂直的方向逃离。来不及逃离的，要迅速找一个低洼地趴下。正确的姿势是脸朝下，闭上嘴巴和眼睛，用双手、双臂保护住头部。切记远离电线杆、大树、简易房等。

（2）如果在家中，要远离窗户、门和容易倒塌的地方，找一个结实的位置，用软物保护好头部，断掉电源防止触电。

家庭自救与互救的那些事

（2）注意躲避环境的安全性。下冰雹时往往伴随着大风，所以在蹲下之前应先看下四周是否有容易掉落的危险物品，如果有的话应立即转移地方（要顺风走，这样可以避免和冰雹的正面冲突），以免被掉落的东西砸到。

（3）远离大树和电线杆。如果下冰雹时伴随着雷电，这时候不应躲在树下或者电线杆旁，以免被雷击中。

（4）被砸伤后及时治疗。要是被冰雹砸伤了，应暂时用冰雹对受伤部位冷敷止血，然后迅速前往医院治疗。

第五部分 突发灾害：处变不惊 从容应对

9. 遇到冰雹如何自救？

冰雹是一种降水形式，我们通常称为"固态降水"，多发生于5月至9月，其中又以6月最为盛行。冰雹在降落过程中会以极高的速度撞击地面或物体，对人畜和农作物造成严重损害。

遇到冰雹时，我们可以采取以下方法进行自救：

（1）迅速找到遮挡物。迅速进入建筑物内或坚固的遮挡物中躲避。如暂时找不到建筑物或者遮挡物，则应背风蹲下，然后用身上的衣服盖住头部，并双手抱头，全力保护头部、胸与腹部不受到袭击；如果身上有包、文件夹，可以临时放在头顶，使伤害降到最低。

8. 雪盲症如何处理？

雪盲症又称为日光性眼炎，其发生的主要原因是长时间处在环境空旷且紫外线强度高的场地（如雪地、飞行过程中、高原、沙漠、海边），紫外线对眼角膜和结膜上皮造成损害引起炎症。特点是眼睑红肿，结膜充血水肿，眼睛有强烈的异物感、疼痛、怕光、流泪，睁不开眼，视物模糊，等等。

（1）雪盲症的处理：①禁止揉眼睛，以免加重损伤，及时撤到暗处，避免勉强使用眼睛；②用眼罩或干净手帕、纱布等轻轻敷住眼睛，尽量闭眼休息；③戴了隐形眼镜应立即取下，防止角膜感染；④可用眼罩或冷毛巾等对眼睛进行冷敷，以减轻结膜充血的症状，及时就医。

（2）雪盲症的预防：①避免过度晒太阳，减少紫外线对视力、眼部的伤害；②非近视人群可以戴蓝色镀膜镜片的墨镜，近视人群可以戴变色眼镜；③叶黄素能够帮助视网膜抵御紫外线，橙黄色的蔬菜、水果含有较多叶黄素，常用电脑、手机以及处于特殊环境下紫外线等辐射较强时，可以在餐食中增加这类食物。

第五部分　突发灾害：处变不惊　从容应对

使用手电筒、颜色鲜艳的衣服及旗子哨子等呼救

7. 发生水灾如何自救？

水灾泛指洪水泛滥、暴雨积水和土壤水分过多对人类社会造成的灾害。一般所指的水灾，以洪涝灾害为主。水灾发生时的自救措施有：

（1）洪水到来时，来不及转移的人员要就近迅速向高地、避洪台等地转移，或者立即跑上屋顶、楼房高层、高墙等地暂避。

（2）在山区突然遭遇洪水袭击时，应该就近选择安全的路线沿山坡横向跑开，千万不要顺山坡往下或沿山谷出口往下游跑。

（3）如洪水继续上涨，暂避的地方难以自保，要充分利用现有的器材逃生，迅速寻找门板、木床、大块泡沫等能漂浮的材料捆扎成筏逃生。不要轻易游泳转移，以防止被洪水冲走。

（4）如果已被洪水包围，要设法拨打110/119取得联系，报告自己的方位和险情，积极寻求救援。无通信条件的，可以挥动颜色鲜艳的衣物呼救，让救援人员更容易发现。

（5）发现高压线铁塔歪斜、电线低垂或者折断时，要远离避险，不可触摸或者接近，防止触电。

6. 遇到泥石流如何自救？

泥石流是指在山区或者其他沟谷深壑、地形险峻的地区，暴雨、暴雪或其他自然灾害（如地震）引发山体滑坡后携带有大量泥沙以及石块的特殊洪流。遇到泥石流，我们可以通过以下方法自救。

（1）在山区遇到暴雨时，注意观察周围环境，特别注意是否听到远处山谷传来打雷般声响，如果听到，要高度警惕，这是泥石流将要发生的征兆。

（2）不能往泥石流的下游走，应立刻沿与泥石流成垂直的方向逃生，并向两边的山坡上爬，爬得越高越快越好。

（3）选择树木生长密集的地带逃生，密集的树木可以阻挡泥石流的前进，来不及奔跑时还可以紧紧抱住树木。

（4）作为旅游者，立即丢弃身上沉重的旅行装备，但通信工具不能丢弃，以便与外界联系求助。乘汽车或火车时，应果断弃车而逃，躲在车上容易被掩埋在车厢里窒息而亡。

（5）不要以为刚发生过泥石流的地区比较安全，有时泥石流会间歇发生，如果正驾车准备穿越刚发生泥石流的地区，最好绕道至安全的路线。

（6）一定要听从指挥，不要擅自行动。

家庭自救与互救的那些事

（3）注意避震姿势。将身体蜷曲缩小，卧倒或者蹲下，头尽量向胸前靠拢，双手交叉放在脖后，保护头、颈部。

（4）有条件撤退逃生时记住两不要：不要乘坐电梯，不要折返取财物。

（5）到达室外后，尽可能找到空旷地带，避开楼房、高大烟囱、水塔、立交桥下等。不要随便返回室内，利用身边一切物品保护好头部。

第五部分 突发灾害：处变不惊 从容应对

5. 发生地震如何自救？

地震救援领域有一个"黄金十二秒"，是指在地震发生后，建筑物一般都要间隔十多秒的时间才会倒塌，若能冷静地在12 s内迅速躲避到安全处，及时采取自救行为，常常能获救或避免死亡。那么地震时我们该如何自救呢？

（1）地震发生时跑与不跑的判断。当楼层低（1~2楼）、室外避难场所安全、自身腿脚好时，可以直接跑；当楼层高、室外避难场所危险时，或者为特殊人群（老年人、幼儿），建议先躲再跑。

（2）用被褥、枕头等软物保护头部，并立即蹲在结实的家具或承重墙根、墙角等可形成活命三角区的安全处躲避，不要躲在重物、玻璃等危险品旁。厨房、浴室、厕所等处开间小、不易塌落且有充足食物和水源，是避震的好地方。

什么是地震活命三角区

发生地震时一定要找到可以构成三角区的空间去躲避

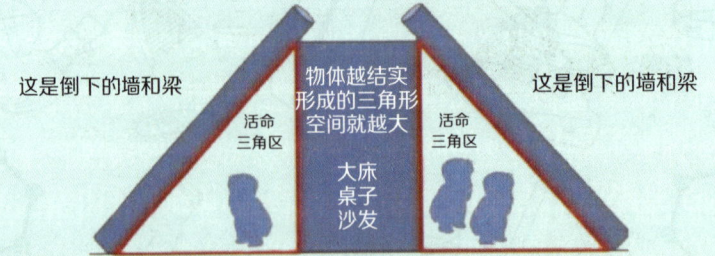

（3）心跳、呼吸停止的处理措施：如伤者已经出现心跳、呼吸停止，要分秒必争地对其进行心肺复苏，即保持呼吸道通畅（清除口鼻中的异物、分泌物、呕吐物），进行人工呼吸和人工胸外按压。

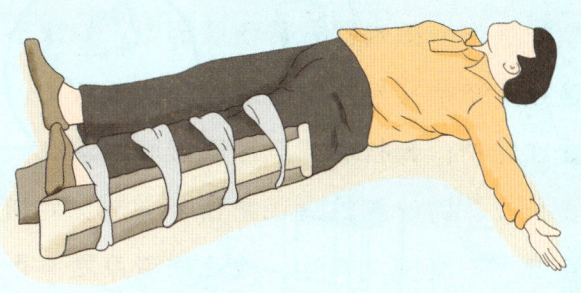

第五部分 突发灾害：处变不惊 从容应对

4. 发生车祸如何处理？

据统计，每年有超过 5000 万人在车祸中受伤，所以在紧急情况下能否采取正确的措施，可能决定着生死。

发生车祸应立即拨打 120 急救电话和 110 报警电话，将车祸发生的地点、受伤人员及伤情报告公安交警和医疗急救部门。驾驶员应开启车辆应急灯，同随车人员尽快离开车辆，转移到安全地带，并妥善放置随车的安全标识如警示牌等。车祸常见应急处理措施如下所述。

（1）骨折的处理措施：就地取材，用木棍、板条、树枝、硬纸板等作为固定器材将伤肢绑定。如找不到固定的硬物，也可用布带直接将伤肢绑定在伤者身上，骨折的上肢可固定在胸前，骨折的下肢可同健肢固定在一起。如伤者肋骨骨折，救助时要注意保护伤者胸部。如伤者有脊椎损伤的情况，严禁随意搬动，应让伤者原地平卧，等待专业救护人员的救援。

（2）颅脑损伤的处理措施：让伤者平卧，对头部受伤引起的外出血，立即加压包扎止血；如有血性液体从耳、鼻中流出，严禁用水冲洗，也严禁用棉花堵塞耳、鼻；如伤者已经昏迷，务必保持伤者呼吸道畅通，运送途中应使伤者平卧，头偏向一侧，以免误吸呕吐物引起窒息。

3. 发生火灾如何自救？

火灾是我们身边经常发生的灾难，掌握一定的火灾逃生自救知识是非常必要的。由于在火场中的人可能受到烧伤、窒息、中毒、爆炸危害，倒塌物砸埋和其他意外伤害，所以火场避险的基本原则就是趋利避害、逃生第一。请牢记以下火灾逃生口诀。

火灾逃生十口诀

第一诀：熟悉环境，暗记出口。

第二诀：通道出口，畅通无阻。

第三诀：扑灭小火，惠及他人。

第四诀：保持镇静，明辨方向。

第五诀：不入险地，不贪财物。

第六诀：简易防护，蒙鼻匍匐。

第七诀：善用通道，莫入电梯。

第八诀：缓降逃生，滑绳自救。

第九诀：避难场所，固守待援。

第十诀：缓晃轻抛，寻求援助。

第五部分　突发灾害：处变不惊　从容应对

电梯下坠时保护自己的最佳动作

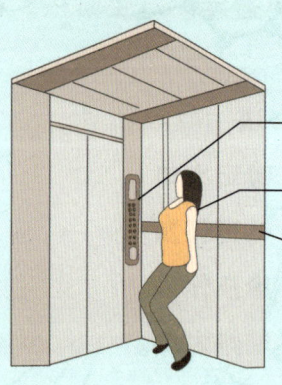

1. 迅速把每层楼的按钮都按下
2. 整个背部和头部贴紧电梯内墙
3. 如果有扶手紧紧握住

4. 没扶手时双手护住颈部
5. 膝盖弯曲减压
6. 脚尖点地，脚跟提起

2. 被困电梯怎么办?

（1）被困电梯时，首先要寻求帮助。按下电梯内的警铃按钮，并打抢修电话，与电梯值班室人员或电梯维修人员取得联系，也可以直接拨打"119"等待救援。如报警无效，可以间歇性地呼救或拍打电梯门，如无人回应，需镇静等待，不要不停呼叫，此时需要保持体力，等待救援。

（2）不要采取任何形式的自救行为。往往严重的电梯事故都是发生在乘客的自救过程中，因此被困电梯时应等待专业人员救助，切忌采取以下行为：①过激行为，如乱蹦乱跳等；②强行扒开电梯门，因电梯可能突然启动下坠；③从安全窗爬出电梯，因打开安全窗，电梯可能重新启动下坠。

（3）电梯突然下坠时，不要过度慌张，应快速把每一层的按键都按下。背部与头部紧贴不靠电梯门的内壁，呈一条直线，膝盖弯曲，身体呈半蹲姿势。

第五部分 突发灾害：处变不惊 从容应对

1. 一氧化碳（煤气）中毒怎么办？

（1）易引发一氧化碳中毒的四种情况：①使用燃气热水器洗澡；②在密闭空间的汽车里关窗户、开空调睡觉；③烧煤炉取暖；④用炭炉吃烧烤、火锅。

（2）如何预防一氧化碳中毒：家庭生活中注意煤炭要烧尽，不要闷盖住，煤炉要安装烟筒，要适当开窗通风；使用燃气热水器洗澡时，不要密闭房间，要保持良好的通风，洗浴时间切勿过长；使用管道煤气时，要定期检查，防止管道老化、跑气、漏气。

（3）一氧化碳中毒施救措施：救护人员在做好自身防护的前提下，第一时间关闭燃气开关，切勿打开电器和使用明火，以免引起爆炸。及时通风，如果现场的一氧化碳浓度过高，需要戴防毒面具或专业面罩。在现场急救时，救护人员需要立即将一氧化碳中毒者转移到通风良好、空气新鲜的地方，松开患者的衣领以及裤腰，清除患者口腔以及鼻腔内的分泌物，然后拨打120急救电话送就近医院急救。

第五部分
突发灾害：处变不惊
从容应对

30. 骨盆骨折怎么办？

骨盆保护着很多重要的器官，如果骨盆骨折，很有可能伤及内脏，如肠道、膀胱、尿道等，严重时可能会导致内出血，甚至休克。骨盆骨折多由车祸、撞击、高处坠落、严重挤压等导致，救治不当有很高的死亡率。

当怀疑患者存在骨盆骨折时要让患者仰卧，双腿伸直。若患者感觉膝盖稍弯曲舒服一些，可用靠垫、枕头、背包、衣物等垫在膝部下方。应告诉患者，此时不宜小便。当患者骨盆骨折后，不要移动患者，让患者保持平卧位，头偏向一侧，避免吸入呕吐物引起窒息。

如果患者有明显的外伤及出血，应立即予以止血包扎，而后进行如下固定操作。

（1）将宽20～30 cm的床单沿患者腰后穿过，移至患者臀下，使床单双侧保持对称，用厚棉垫或衣物垫在患者下腹部，床单两端在厚棉垫或衣物上绞紧，并用胶布或三角巾固定。

（2）将两条宽约10 cm的布条放置在伤者膝关节处及踝关节处，两腿间放置厚毛巾及棉垫，再依次将足踝处及膝关节处布条打结；之后在足踝下放置衣物、靠垫、背包等物品，将下肢垫高15°～20°。

拨打120急救电话，使用铲式担架将患者搬动至救护车上。如没有铲式担架，而又必须搬动患者时，需要至少4个人分别同时抬起患者的头肩部、胸背部、腰臀部、双下肢，合力抬起再同时放下，始终保持患者的身体呈水平状态。

第四部分 意外伤害：防不胜防 及时救治

29. 肢体离断怎么办？

肢体的离断与缺损，一般在外伤事故中发生，包括臂、手、腿、足、手指、足趾等部位。一旦发生，应立即采取有效的急救方法，正确处理能为后续断肢再植创造有利条件，避免遗憾。当发生肢体离断时，残肢端会立即流血，断离的肢体越大，流血量越多。因此，急救的第一步是止血。有效的止血措施包括压迫止血、结扎止血带等，达到满意效果后再将断肢的残端进行包扎。千万不要用水或酒精等液体清洗、消毒、浸泡断肢，必须保持其干燥，并低温保存。

断肢保存温度为 4 ℃左右，具体操作方法如下：①将断肢用毛巾或多层布类包裹好，再放入双层塑料袋内，最后将塑料袋密封好；②另取一塑料袋或其他干净容器，装入冰块，或者冰棍、冰激凌；③将装有断肢的塑料袋放入装有冰块的塑料袋或其他干净容器内，用记号笔在塑料袋上记下当时的时间，如"9点20分"，以便医生进行后续治疗。最后将包扎处理后的患者连同断肢一起迅速送往医院。

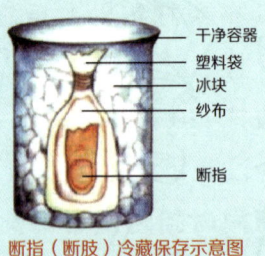

断指（断肢）冷藏保存示意图

28. 脊柱骨折怎么办?

脊柱由多块脊椎骨组成，脊柱的常见损伤有颈椎、胸椎、腰椎骨折。脊柱骨折最大的危险是伤及脊髓神经，一旦脊髓受伤，很有可能引起身体瘫痪，造成永久损伤。导致脊柱骨折的原因较多，多数由间接外力引起，如由高处跌落时臀部或足着地，冲击性外力向上传至胸腰段等；少数由直接外力引起，如房子倒塌压伤、汽车压撞伤、火器伤等。脊柱骨折发生时患者会有剧烈的疼痛，肢体出现异常，例如灼热、麻痹或失去感觉，运动功能丧失，大小便失禁，呼吸困难，甚至发生休克。当怀疑伤者存在脊柱骨折时首先应检查其意识、伤情，尤其是肢体活动是否受限。如果患者昏迷不醒，检查其呼吸、脉搏，必要时进行心肺复苏术。不要移动患者，除非有特殊需要，才能将患者翻转。翻转时要用适当的方法，避免对患者造成二次伤害。如不能确定患者的伤情，要第一时间拨打120急救电话，不要随意移动、翻转患者。

第四部分　意外伤害：防不胜防　及时救治

27. 肋骨骨折怎么办?

胸部的直接或间接暴力均可能引起肋骨骨折。直接暴力骨折多发生在肋骨直接受到击打的部位，尖锐的骨折端向内移位；间接暴力骨折发生在暴力作用点以外的部位，多见于肋骨角或肋骨体部，骨折端向外移位。当发生肋骨骨折时受伤处疼痛，深呼吸、咳嗽或变动体位的时候疼痛感加重。骨折处有压痛及挤压痛，可能有明显的伤口。患者有可能听到空气吸进胸腔的声音，也有可能咳出鲜红色和有泡沫的血，更有可能内出血，甚至休克。

当患者发生肋骨骨折时应注意观察患者意识是否清楚，检查呼吸及受伤情况。如果有明显的伤口，应立即用敷料盖住伤口，再用不透气的胶袋、保鲜膜、锡纸等盖在敷料上，然后在胸部与伤侧手臂之间放软垫，保证患者以半坐卧姿送往医院。如果患者受伤部位吸气时凹陷，呼气时凸出，则需要放软垫于受伤部位，再用绷带或者是三角巾加压固定。让患者半坐卧，身体略向伤侧斜倾，保持这个姿势送往医院。

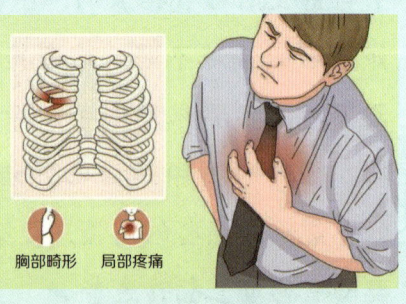

胸部畸形　局部疼痛

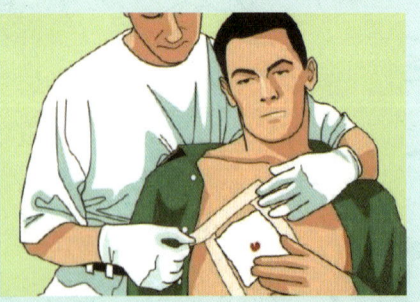

能力及血液循环,并送往医院。

(2)膝部骨折及脱位:用枕头垫在膝下,以让患者感觉舒服为度,用软垫包裹膝盖周围,再用绷带包扎好,检查好足部感觉、活动能力及血液循环,送往医院。

(3)小腿及足踝骨折:按小腿骨折法进行固定,送往医院。

(4)足部骨折:抬高受伤的脚进行冷敷,送往医院。

下肢骨折如包扎过紧,需要松绑并重新包扎,以防造成神经、血管、肌肉等组织的损伤。

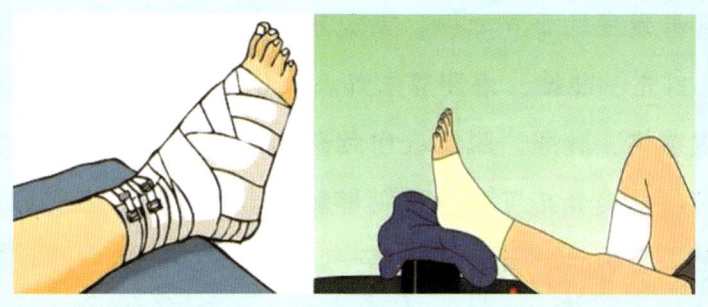

第四部分 意外伤害：防不胜防 及时救治

曲或拉直患者的手肘，让患者仰卧，将受伤的手臂放于躯干旁，放适量软垫，小心地承托固定。

（4）手掌及手指骨折：用软垫保护受伤的手，再进行固定和包扎。

任何部位的骨折固定稳妥以后均需及时送往医院进行进一步治疗。

26. 下肢骨折怎么办？

下肢包括大腿、膝部、小腿、踝及足部。下肢骨折会造成行动不便，严重者可能引起永久性损伤。下肢骨折是最容易发生的骨折之一，常见于运动损伤、车祸、高处坠落、打击、冲撞、滑倒等意外。下肢骨折一般会感到疼痛，出现瘀伤、肿胀，脱位会引起外侧隆起，严重者可能露出断骨。小腿骨折可能导致腿部畸形，骨折线常为斜形或螺旋形，胫骨与腓骨多不在同一平面，此外软组织损伤通常比较严重。

正确的处理有助于后期恢复，可采取以下急救办法。

（1）大腿骨折（股骨骨折）或关节脱位：让患者躺下，先将骨折的大腿进行简单固定，检查足部感觉、脚趾活动

25. 上肢骨折怎么办？

上肢骨折是指锁骨、肩部、上臂、肘部、前臂、腕部、手部等地方的骨头发生部分或完全断裂的疾病，是最常发生的骨折之一。当上肢发生骨折时伤处剧烈疼痛，活动时疼痛加重，有明显的压痛感。由于出血和骨折端的错位、重叠，会有外表局部肿胀的现象。骨折时伤肢会出现畸形，如缩短、弯曲或转向。骨折后原有的运动功能受到影响或完全丧失，活动幅度受到限制。上肢骨折需要及时进行正确处理，以便日后维持手部动作的灵活性和协调性，恢复日常活动能力。以下是针对上肢不同部位骨折适宜采取的处理措施。

（1）锁骨骨折：让患者坐下，将受伤一侧的手臂轻轻斜放于胸前，用软垫垫在受伤一侧的腋下，可用"三角悬臂带"（即将三角巾对折形成直角三角形，然后将对折边上的尖端进行打结）将手臂固定于胸前，送往医院。

（2）上臂、前臂及手腕骨折但肘部可以弯曲：让患者坐下，若上肢麻痹、无力，伸直手臂休息片刻，然后再用夹板固定并包扎。保持坐姿，每10 min检查一次患者的活动能力及血液循环。

（3）上臂、前臂骨折且肘部不可以弯曲：不要强行屈

第四部分 意外伤害：防不胜防 及时救治

24. 口腔外伤怎么办？

口腔在外力的作用下极易发生软、硬组织的损伤，由于这个部位血管丰富、神经密集，所以受伤后不但疼痛明显，而且容易发生继发性感染。口腔创伤程度较重时很容易发生复合伤，并可影响颅脑，发生颅底骨折或颅脑损伤。由于口腔、鼻腔等存有大量细菌，所以也容易并发感染，严重时患者有可能休克。遭受猛烈的外力或突然咬到硬物，还有可能导致牙齿断折或脱落，称为"牙折"。牙折多见于儿童，其中以上前门牙最为常见。按损伤牙髓的程度，牙折可分为露髓和未露髓两大类。

当发生口腔外伤时患者取坐位，在胸前放一个较大的容器，让患者将头垂在容器上方，便于口腔内的血液和分泌物滴在容器里。此时不要漱口或是频繁吮吸伤口，以免影响血液凝固。应将一块棉垫盖在伤口上，用大拇指和示指接住伤口约 10 min，进行压迫止血。如果有牙齿脱落且不能找到脱落的牙齿，可将棉垫压在脱落牙齿的牙床上。注意棉垫必须高于相邻的牙齿。让患者用自己的手托住下颌，同时咬住棉垫，并立即就医。如果脱落的是恒牙，可以重新植入。脱落的牙齿，不要清洗，可将其泡在牛奶里一并带去医院。如果是儿童脱落了乳牙，则无须重新植入，但要找到脱落的牙齿，以确保没有被儿童误食。

家庭自救与互救的那些事

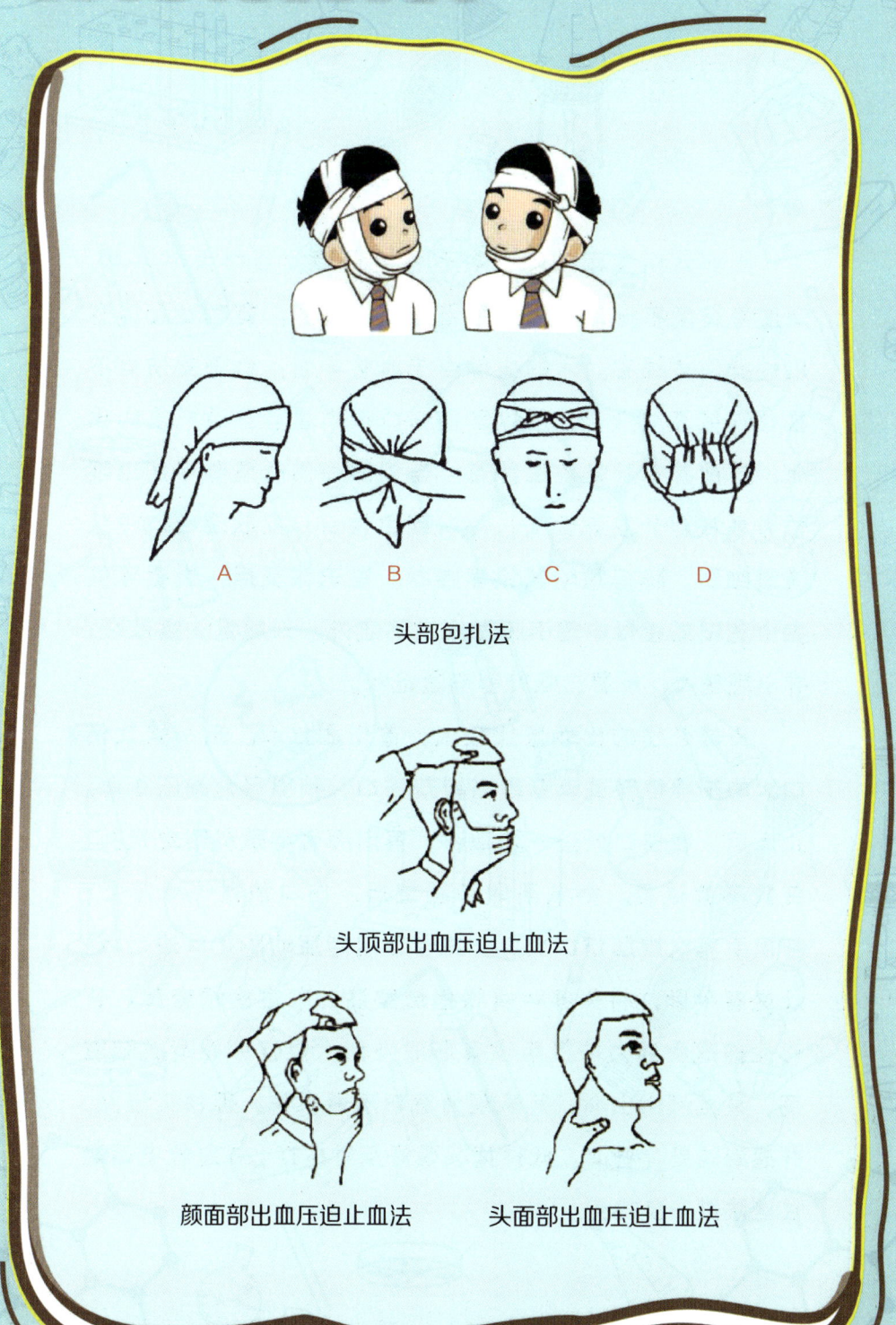

A　　B　　C　　D

头部包扎法

头顶部出血压迫止血法

颜面部出血压迫止血法　　头面部出血压迫止血法

第四部分 意外伤害：防不胜防 及时救治

23. 头部外伤怎么办？

头部外伤多由锐器或钝器伤害所致，裂口大小各异，深度与宽度不一，创伤边缘整齐或不整齐，有时也会伴有皮肤挫伤或损害。人的头部由于血管丰富，血管受伤后不易自行恢复或愈合，所以即使伤口很小也会导致严重的出血，严重者有可能发生休克。当头部受伤时患者可能出现暂时性或部分意识丧失，伴有面色惨白、皮肤湿冷、呼吸浅缓细弱、脉搏跳动较快等症状。意识恢复后，患者可能完全忘记或者根本想不起发生过的意外，只感觉头痛欲裂，并出现恶心、反胃、呕吐等不适症状。

头部外伤的出血量比较大，首先应止血。用一块比伤口大的干净棉垫或消毒纱布覆盖伤口，稍微用力按压止血。止血后，在伤口处垫一块敷料，再用绷带将敷料固定包扎，包扎不宜过紧。如果用绷带固定后，伤口依然流血不止，可用手再次按压伤口止血，或者使用指压动脉止血法止血。让患者平卧，将头部和肩膀稍微垫高，观察病情变化。有时头部遭受强力冲撞后没有形成外伤，但有可能造成脑震荡，甚至颅内出血，其表现为意识短暂丧失，很快又恢复，并感到眩晕、恶心。此种情况最好及时拨打120急救电话送往医院进一步检查。

家庭自救与互救的那些事

患者将头倾向患耳一侧,让血流出。血流出后,用一块湿棉垫垫在患耳上,并用绷带轻轻包扎好,注意不要塞住外耳道。耳部外伤常合并颅脑外伤、颌面外伤等,应注意观察患者的神志、呼吸、心跳、脉搏、血压、瞳孔有无异常,及其他神经系统情况、全身情况等。

如果从耳内流出的是稀薄的液体分泌物,则有可能是头部颅底骨折发生脑脊液耳漏,需要进一步检查确诊。

第四部分 意外伤害：防不胜防 及时救治

22. 耳部外伤怎么办？

常见的耳部外伤有挫伤、切伤、咬伤、撕裂伤、冻伤和烧伤。使用锐器（火柴杆、发夹和毛线针等）挖耳、外耳道压力急剧变化（高位跳水、打耳光等），以及车祸、坠跌、击打颞枕部等均有可能引起耳部外伤。根据受伤部位的不同，可将耳部外伤分为以下几种：

（1）耳郭伤。挫伤有皮下瘀血、血肿；撕裂伤有皮肤撕裂，软骨破碎，部分或完全切断。早期伤口出血，局部疼痛，合并感染后出现化脓性软骨膜表现。

（2）外耳道外伤。皮肤肿胀、撕裂、出血，软骨或骨部骨折可致外耳道狭窄。

（3）中耳外伤。流血、耳聋、耳鸣、耳痛，偶有眩晕；鼓膜呈不规则穿孔，穿孔边缘有血迹，有时可见听小骨损伤脱位。

（4）内耳外伤。轻者耳聋、耳鸣、眩晕、恶心、呕吐、眼震及平衡障碍；严重者耳内出血，鼓膜呈蓝色，流出淡红色血液，或清亮液体，有时合并面瘫。

如果是耳郭出血，并可见明显的伤口，可用一块干净的棉花压住伤口 10 min 止血。止血后，用无菌敷料盖在耳郭上，并用绷带轻轻地包扎好。如果发生耳内出血，帮助

21. 摔伤怎么办？

摔伤后应该先检查一下身体有没有哪个部位出现严重疼痛的情况，肢体有没有出现明显的畸形，局部有没有明显的擦伤出血。如果没有上述情况，可以起身适当活动一下，观察身体哪个部位有疼痛症状，并立即前往医院就诊检查。根据受伤的严重程度不同，处理方式也有所不同。

（1）单纯软组织损伤。伤后48 h之内冷敷，伤后48 h之后热敷，并且可以遵医嘱口服非甾体类抗炎止痛药，如双氯芬酸钠缓释片等，适当休息，一般1周左右可以康复。

（2）擦伤破裂出血。伤后需要局部消毒，保持局部干燥清洁，如果出现裂口也可以去医院清创缝合，术后还需要定期换药。

（3）肢体骨折。需要到医院进行骨折手法复位石膏夹板外固定，或手术切开复位内固定，术后还要抬高患肢，另外需定期拍片复查，以明确骨折处的生长情况。

（4）颅脑损伤。需要前往医院拍摄颅脑CT检查，明确有无颅内出血或脑挫裂伤的情况。如果没有颅内出血或者脑挫裂伤，可绝对卧床休息2~3 d；如果有颅内出血或者脑挫裂伤，常需要住院治疗。

第四部分　意外伤害：防不胜防　及时救治

20. 哈哈大笑或者打哈欠后合不拢嘴怎么办？

人在打哈欠或大笑时，面部肌肉会收缩，特别是颧大肌和笑肌，这些肌肉的收缩可能导致嘴唇的闭合障碍，出现合不拢嘴的现象。同时，喉咙和口腔中的肌肉也会收缩，帮助嘴唇闭合，如果这些肌肉的收缩不协调，也可能导致出现合不拢嘴的现象。哈哈大笑或者打哈欠时关节负荷变化较大，可能导致关节疼痛，甚至造成颞下颌关节脱位。因此，在打哈欠或张口时要注意控制呼吸和面部表情，避免过度用力或用力憋气。

如果只是短时间内合不拢嘴，不用过度担心，注意控制下颌关节运动度即可；如果长时间合不拢嘴，且伴双颊明显疼痛，则可能出现了颞下颌关节脱位，需要立即前往医院进行手法复位治疗。

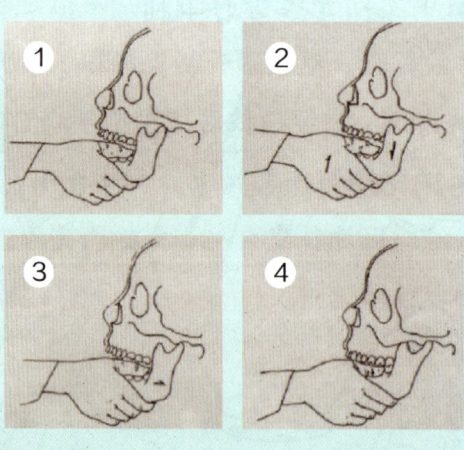

19. 关节脱位怎么办？

关节脱位就是俗称的"脱臼"，是指构成关节的上下两个骨端失去了正常的位置，发生了错位。关节脱位多因暴力作用所致，以肩、肘、下颌及手指关节最易发生。关节脱位如处理不当，可导致永久性或惯性脱位。此外，在关节脱位的同时还有可能发生骨折。当肢体遭受外力发生脱位时，受伤的关节部位疼痛、无力，不能活动或活动时疼痛更加明显，可因出血、水肿导致关节明显地肿胀、变形、缩短或者延长，此时需用双手稳定及承托住脱位部位，再用绷带把脱位处固定好。

（1）肘关节脱位时，患者需平卧，施救者固定患者伤肢，握住前臂向远侧顺着上肢轴线方向牵引。复位后上肢需用石膏固定3周。

（2）桡骨头半脱位时，施救者一只手握住患肢，另一只手轻握腕部轻柔地牵引及旋转前臂，轻旋时可听到桡骨头清脆的声响或弹动，即为复位。复位后最好用绷带悬吊前臂1周。

（3）髋关节脱位很容易导致休克，若患者已经休克，应使其平卧，将头侧向一边，保持气道畅通，注意保暖，并及时送往医院救治。

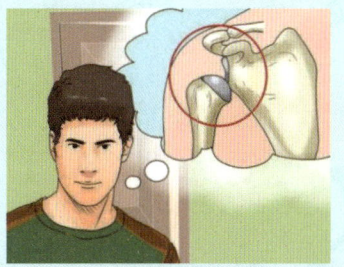

第四部分 意外伤害：防不胜防 及时救治

18. 肌肉拉伤怎么办？

肌肉拉伤是肌肉在运动中急剧收缩或过度牵拉引起的损伤，在长跑、引体向上和仰卧起坐练习时容易发生，是常见的运动损伤。肌肉拉伤轻者仅少许肌肉纤维被扯破或肌膜分裂，重者可能导致肌肉被撕裂，甚至断裂。如果在运动中不慎拉伤肌肉，受伤局部会有疼痛、压痛感，活动时症状加剧，肌肉可能出现肿胀及剧烈痉挛，有瘀伤出现，可引起功能障碍。发生肌肉断裂时，有肌肉的部位可能出现不规则的隆起或凹陷。此时应当让患者以最舒适的姿势休息，稳定受伤部位。用冷水、冰袋敷在伤处，可以减轻肿胀、瘀伤和疼痛。用有弹性的绷带包扎伤处，并用较厚的软垫包裹受伤部位，把受伤部位抬高至心脏水平位置，可减少肿胀和瘀伤。肌肉拉伤严重者，如肌腹或肌腱拉断者，应立即拨打120急救电话将患者送往医院进一步治疗。

17. 腰扭伤怎么办?

腰扭伤是一种常见的运动损伤，如果不及时治疗，可能会导致腰肌劳损、腰椎间盘突出等问题。腰扭伤后应该立即停止运动，并尽可能地休息。可以选择平躺在床上，避免剧烈运动和负重，同时可以使用腰围或者毛巾等物品固定腰部，减少腰部活动。在受伤的部位进行冷敷可以减轻疼痛和肿胀，使用冰块或者冰袋进行冷敷，每次冷敷 15~20 min，可以重复多次，48 h 后可以改为热敷。适当的拉伸可以缓解肌肉疼痛和肌肉僵硬，进行适当的腰部和腿部的拉伸，每次拉伸 10~15 min，可以重复多次。如果疼痛和肿胀比较严重，口服一些非甾体类消炎药物，如美洛昔康、双氯芬酸、醋氯芬酸等，可以减轻疼痛和消炎止痛。如果症状持续时间比较长或者疼痛和肿胀比较严重，建议及时就医，去医院的骨科或者疼痛科就诊。

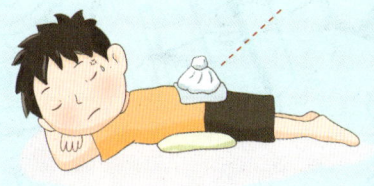

冰袋等进行冷敷
（中间垫一块毛巾等）

第四部分 意外伤害：防不胜防 及时救治

救电话把患者送往医院进一步诊断治疗。受伤后切忌推拿、按摩受伤部位，切忌立即热敷，热敷需在受伤48 h后才能进行。

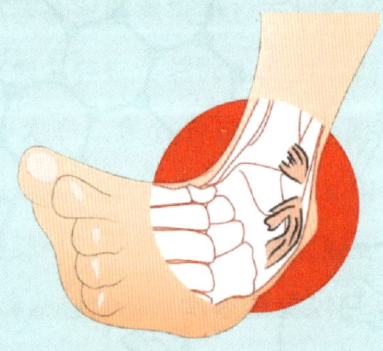

足内翻扭伤

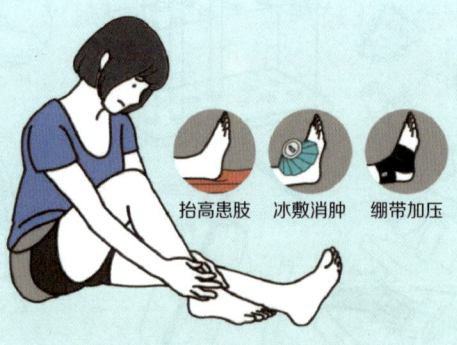

踝关节扭伤部位疼痛、肿胀

16. 踝关节扭伤怎么办？

踝关节扭伤在日常生活中极为常见，这是由于踝关节构造复杂、肌肉薄弱、负重大，同时人们在行走、奔跑、跳跃、运动、劳动等活动中都需要频繁使用踝关节，如果喜爱穿高跟鞋或厚底鞋，发生踝关节扭伤的概率就更大。

踝关节扭伤极易判断，包括足内翻所致和足外翻所致两种。前者较为多见，主要造成踝关节外侧副韧带不同程度的损伤；后者较少发生，主要导致踝关节内侧副韧带损伤。受伤部位局部可出现不同程度的疼痛、压痛明显、关节活动不灵活、肿胀、皮肤青紫，严重者可出现骨折、畸形等。

当发生踝关节扭伤时应立即停止行走、运动或劳动，取坐位或卧位；同时可用枕头、被褥、衣物、背包等把足部垫高，促进静脉回流，然后用冰袋或冷毛巾敷局部，使毛细血管收缩，以减少出血或组织液渗出，从而减轻疼痛和肿胀。受伤后 48 h 内可每 2~3 h 冷敷一次，每次 15~20 min，至皮肤感觉麻即可。冷敷后，用绷带或折叠成条带的三角巾等"8"字形加压包扎踝关节，使受伤的外踝形成足外翻，或受伤的内踝形成足内翻，可减轻疼痛。必要时拨打 120 急

第四部分　意外伤害：防不胜防　及时救治

15. 切割伤怎么办？

切割伤是指皮肤或黏膜被利器划伤或切开所造成的伤口。如果伤口比较浅，可以用生理盐水或碘酒消毒，并进行包扎处理。如果伤口比较深，需要先对伤口进行清创处理，然后根据伤口的情况进行必要的治疗。如果伤口局部出现了明显的出血、感染、坏死等情况，需要及时到医院进行清创和缝合处理，并使用适合的抗生素治疗。如果伤口比较深、出血量较大，需要及时拨打120急救电话，将伤员送往医院治疗。

在日常生活中，我们要注意安全，避免受到切割伤等意外伤害。需要注意的是，无论切割伤的伤口是大是小，均不能往伤口内撒任何粉末以止血，这样不但增加后续处理难度，而且会明显增加伤口感染风险。

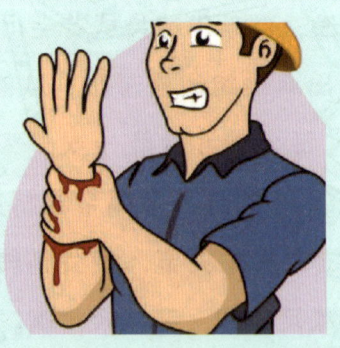

者的两肩与两腿或单肩背运。）

（6）发现伤者骨折，不要盲目搬动伤者。应先在骨折部位用夹板把受伤位置临时固定，使断端不再移位或刺伤肌肉、神经或血管。

（7）复合伤者要求平仰卧位，保持呼吸道畅通，解开衣领纽扣。遇有创伤性出血的伤员，应迅速包扎止血，使伤员保持在头低脚高的卧位，并注意保暖。及时把伤者送往邻近医院抢救，运送途中应尽量减少颠簸。同时，密切注意伤者的呼吸、脉搏、血压及伤口的情况。

第四部分 意外伤害：防不胜防 及时救治

14. 有人从高处坠落怎么办？

凡是坠落高度在基准面2m以上（含2m）的坠落称为高处坠落。发生高处坠落事故时，应立即拨打120急救电话，并组织抢救伤者。首先观察伤者的受伤情况、部位、伤害性质，然后再采取相应措施。

（1）对于呼吸、心跳停止者，应立即进行心肺复苏。

（2）伤者发生休克，应先去除其身上的用具和口袋中的硬物，对其采取保暖措施，让其平卧，并将下肢抬高约20°，尽快送医院进行抢救治疗。应采用担架或硬质木板搬运和转送伤员，避免颈部和躯干前屈或扭转，使脊柱伸直，绝对禁止一个抬肩一个抬腿的搬法，以免造成截瘫。

（3）当伤者出现颅脑损伤时，必须维持其呼吸道通畅。昏迷者应平卧，面部转向一侧，以防舌根下坠或吸入分泌物、呕吐物，发生喉梗阻。

（4）对于颌面部受伤者，首先应保持其呼吸道畅通，清除移位的组织碎片、血凝块、口腔分泌物等，同时松解伤员的颈、胸部纽扣。

（5）发现脊椎受伤者，创伤处用消毒的纱布或清洁布等覆盖，用绷带或布条包扎。搬运时，将伤者平卧放在担架或硬板上，以免受伤的脊椎移位、断裂造成截瘫，甚至死亡。（注意：抢救脊椎受伤者时，搬运过程中严禁只抬伤

13. 被蜈蚣咬伤怎么办？

蜈蚣身体扁平，长6~7 cm，躯干有多节，两侧多足，对称分布。最前面的一对附肢是一对毒肢，也叫毒爪。毒爪两端呈钩状，中央呈管状，与体内的毒腺相通。毒爪刺入皮肤时，会释放出有毒的汁液，造成皮肤损伤及全身中毒症状。因此，我们生活中所说的蜈蚣咬伤实际上是蜇伤。

当不慎被蜈蚣蜇伤，切忌惊慌失措，要尽量保持冷静，避免毒液继续扩散。因蜈蚣毒液呈酸性，故可以用肥皂水、苏打水等碱性溶液清洗伤口，减弱毒性。伤口周围有红肿现象的话，用冰块或者冰袋冷敷，可以适当减轻疼痛感和肿胀。用药物缓解疼痛并及时接受抗过敏治疗。不要用嘴吸毒液，以免口腔细菌进入创口导致感染。严重的话应及时就医。

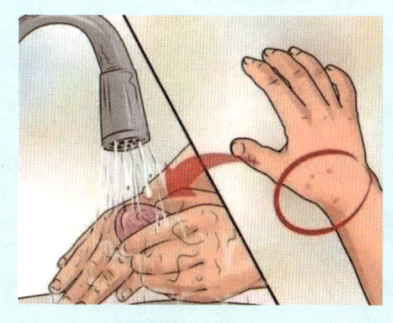

第四部分 意外伤害：防不胜防 及时救治

12. 被蝎子蜇伤怎么办？

蝎子在中国分布较广，以陕西、甘肃、宁夏较多，穴居，喜栖于岩隙与墙缝中，雨天常潜出，藏于鞋、衣服内，夜出活动。蝎子的毒刺位于蝎子尾部，当被蝎子蜇伤后毒液随即注入人体，使局部疼痛，甚或伴寒热、呕恶、抽搐等全身中毒症状。

如果被蝎子蜇伤，首先应保持冷静，不要惊慌，立即用止血带扎紧伤口外靠近心脏的一端，或在蜇伤部位放置冰袋使血管收缩，以减少毒素的吸收及扩散。也可以使用拔火罐等负压装置吸出蜇伤处的毒液，用肥皂水、稀释的氨水或1：5000的高锰酸钾溶液充分冲洗后，再用流动的水冲洗干净，然后用5%的小苏打溶液湿敷。这样可以中和酸性的毒液，减轻疼痛。破溃的伤口处可以外涂碘酒、夫西地酸或莫匹罗星这一类的抗生素软膏，预防感染，也可以口服止痛药止痛并及时拨打120急救电话。

何特征，以便后续专业医护人员进行有针对性的治疗；同时应该迅速去除受伤部位的各种受限物品，如戒指、手镯、手表、较紧的衣裤、鞋子等，以免因后续的肿胀导致无法取出，加重局部伤害。有条件时应迅速使用负压装置吸出局部蛇毒，同时使用可破坏局部蛇毒的药物如1/1000高锰酸钾溶液冲洗伤口。绷带加压固定是唯一推荐用于神经毒类蛇咬伤的急救方法，这种方法不会引起局部肿胀，但操作略复杂。使用无菌敷料覆盖伤口，再用普通绷带或弹性绷带自肢体远端向近端缠绕。缠绕肢体时注意露指（趾）尖，以观察血供情况。其余类型毒蛇咬伤部位可使用加压垫法，操作简单、有效。使用无菌纱布或其他敷料折叠成约5 cm×5 cm×3 cm的垫片对咬伤处直接压迫。这两种方法对各种毒蛇咬伤都有较好的效果。尽量全身保持固定，尤其要固定好受伤肢体，可用夹板固定伤肢，伤口相对低位（保持在心脏水平以下），使用门板等担架替代物将伤者抬送到可转运的地方，尽快将伤者送到医疗机构。总之，要尽量做无伤害性处理，不要使用切开排毒的方式增加患者创伤，也不要迷信草药和其他未经证实或不安全的急救措施。

不要等待症状发作确定中毒后再就医，而应该立即送医院急诊处理。不要饮酒止痛，不要喝咖啡饮料。如果有条件，可口服止痛药止痛治疗，对于意识丧失、呼吸心跳停止者，应立即进行心肺复苏。

第四部分 意外伤害：防不胜防 及时救治

11. 被蛇咬伤怎么办？

蛇是爬行纲有鳞目蛇亚目动物，按毒性分为有毒无毒两类。根据蛇毒对机体的效应，有毒蛇分为神经毒类、血液毒类和混合毒类等。

被无毒蛇咬伤后，伤者局部可有成排细小的牙痕，牙周伴或不伴轻微充血，无其他中毒症状，少数伤者出现头晕、恶心、心悸、乏力等症状，往往是紧张、恐惧情绪影响所致，并非真正中毒。

被毒蛇咬伤后，根据蛇毒类型不同，临床表现各有不同：神经毒，由银环蛇、金环蛇等分泌，被神经毒类蛇咬伤后起初局部症状不明显，1~3h内出现全身中毒症状，如头晕、视力模糊、眼睑下垂、流涎、言语和吞咽困难、肢体瘫痪、呼吸衰竭等。血液毒，由五步蛇、蝰蛇、竹叶青蛇等分泌，被血液毒类蛇咬伤后局部疼痛、肿胀明显，可迅速蔓延到整个肢体，伴有出血、水疱、组织坏死等，还可伴有畏寒发热、恶心呕吐、心慌气短、心脏停搏等。混合毒，由眼镜蛇、眼镜王蛇、蝮蛇等分泌，被混合毒类蛇咬伤后很快出现呼吸衰竭、循环衰竭、肾功能衰竭、严重出血倾向。

被蛇咬伤后千万不要惊慌，切勿大声惊呼、奔走乱跑，这样会加速毒液的吸收和扩散，应尽可能辨识咬人的蛇有

10. 被蜂蜇伤怎么办?

蜂类毒液的成分复杂,可含有神经毒素、溶血毒素等。如果被蜂蜇伤,轻症者伤口会出现剧痛、灼热感,有红肿、水疱形成,1~2d自行消失。如被蜇伤多处,可有发热、头晕、恶心、烦躁不安、痉挛、晕厥等症状。过敏者会出现荨麻疹、口唇和眼睑水肿、腹痛、腹泻、呕吐等症状,可伴有喉水肿、气喘、呼吸困难等。重症者出现少尿、无尿、心律失常、血压下降、出血、昏迷等症状,甚至可因呼吸、循环衰竭而死亡。

急救办法:①用肥皂水或清水冲洗、消毒伤口,冲洗后用5%的碳酸氢钠溶液湿敷,再用流水冲洗掉中和液;②用消毒后的针将残留在皮肤内的断刺剔出,以减轻毒性反应;③有过敏反应及休克者,应立即送入医院治疗。

第四部分　意外伤害：防不胜防　及时救治

"先清洗，再止血"的原则，不要盲目止血。处理完毕应立即前往医院进一步治疗并注射狂犬病疫苗。狂犬病疫苗通常需要分5期注射，分别为被咬伤当日、第3日、第7日、第14日及第28日各接种1个剂量的疫苗。

9. 被猫、狗咬伤或抓伤怎么办？

猫、狗是家庭中最常见的宠物，一旦被猫、狗咬伤或抓伤，很容易导致感染，甚至染上狂犬病。即使看起来健康的猫、狗，也有概率带有狂犬病毒，而人一旦感染狂犬病毒，发病后死亡率约为100%，因此不可掉以轻心。如果被生病的猫、狗咬伤或抓伤，伤口局部会有麻、痒、痛、蚁走感等异常感觉。如果感染上狂犬病毒，其主要症状为：早期出现周身不适、低热、头枕部疼痛、恶心、乏力等类似感冒的症状；后期大脑感染病毒，出现一系列神经兴奋与麻痹症状，包括恐惧不安，对声、光、风、痛较敏感，恐水，咽肌痉挛，进行性延髓瘫痪，患者可因呼吸、循环衰竭而死亡。

被猫、狗咬伤或抓伤后，应立即用肥皂水不断冲洗、擦拭伤口，再用大量流动的清水冲洗伤口，至少冲洗20 min，同时尽力挤出污血。猫、狗咬的伤口往往外口小、里面深，冲洗时可尽量把伤口扩大，让其充分暴露，并用力挤压伤口周围软组织。冲洗的水流要急，水量要大。冲洗完毕，用浓度为2%~3%的碘酒或75%的酒精进行局部消毒。由于狂犬病毒是厌氧的，在缺乏氧气的情况下会大量生长，因此不可包扎伤口，除非伤及血管需要止血，但需遵循

8. 眼内有异物怎么办？

眼部常见的异物有沙尘、睫毛等，一般没有明显的危害。造成较严重伤害的异物有锐器、碎石、玻璃碴、腐蚀性液体等。异物不慎入眼主要会有以下不适症状：眼痛、眼部有异物感和灼热感、流泪、眼睛发红、对光敏感、视力减退等。

（1）如果是腐蚀性液体（家用清洁剂、洗厕剂等）入眼，应该尽快用大量清水（自来水或蒸馏水）冲洗受伤的眼睛。冲洗时不要让水溅到患者未受伤一侧的眼睛及皮肤上，也不要溅到施救者的身体上。冲洗后用干净纱布盖住受伤一侧的眼睛，及时送往医院治疗。

（2）如果是可去除的异物（沙尘、睫毛等）入眼，施救者可用肥皂和清水洗净自己的双手并擦干，把患者的上眼皮轻轻拉起盖住下眼皮一会儿，利用下眼皮将藏在上眼皮内的细小异物拨去。如果异物没有去除，可用容器将干净的水倒入患者张开的眼中，冲走异物。如上述方法均未奏效，切勿再尝试处理，此时应用干净纱布轻轻盖住患者的眼睛，尽快去医院治疗，途中尽可能保持仰卧。

（3）一般的异物如昆虫、玻璃碴、铁屑等入眼，多数会黏附在眼球表面上，因此切忌用手揉擦，否则会使眼角膜受损。尤其是较大的坚硬物嵌入眼角膜时，切勿进行任何形式的拨动，应立即送医院治疗。

7. 吞食异物怎么办？

吞食异物是指误食非食品物质，如橡皮筋、钱币、玻璃珠、虫子、铁丝、磁力珠等。当不慎吞食异物时，应该采取以下措施：首先要保持镇静，不要惊慌失措。如果异物卡在喉咙里，不要试图用力咳嗽或刺激呕吐来将其吐出，这会导致异物更深入喉咙或更广泛地划伤食管或胃。此时应该取俯卧位，让头部稍向后仰，轻轻拍打背部，让异物松动并咳出。如果上述方法无效，应立即去医院，在医生的指导下进行治疗，可能需要手术取出异物。特别是磁力珠等含磁性物体，如不及时取出可能导致多段肠管坏死。在等待就医的过程中，可以适当地喝水以保持身体水分和润滑肠道。不要尝试自行将异物推入胃中，这可能会导致食管或胃组织损伤。

第四部分　意外伤害：防不胜防　及时救治

6. 异物吸入气管怎么办？

异物吸入气管是常见的凶险性意外事故，以7岁以内儿童尤其是刚学会走路到2岁间的小儿多发，死亡率高。当小儿口中含物说话、哭笑和剧烈活动时，容易将口含物吸入气管而引起气管梗阻，导致窒息。异物吸入气管的病情严重程度视异物性质和梗阻程度而定，大多会有以下过程：起病急骤者可因异物突然经喉进入气管，呼吸道黏膜受刺激而剧烈呛咳、喉部喘鸣；异物卡在喉部者除上述喘鸣咳嗽外，多伴随声音嘶哑、失声、呼吸困难和面色青紫等明显症状，严重者如不及时治疗，可因呼吸道窒息而死亡；异物继续下滑者上述症状可能减轻或消失，继而因异物在局部停留过久，刺激局部，并堵塞支气管，使分泌物不能排出，导致局部出现炎症，小儿会咳嗽加剧，有时伴发热、呼吸困难、咳脓痰或咯血等症状。常见吸入的异物有花生米、瓜子、枣核、小玩具、果冻、纽扣、硬币等，家长应将这些物品存放在孩子不容易够到的地方。

发现异物吸入气管者时，应立即使用海姆立克急救法对其进行急救（操作步骤详见第051~054页）。尝试1 min仍无法取出异物时，应及时求救。（注意：不要盲目尝试用手指挖取患者口中的异物。）

5. 鱼刺卡喉怎么办？

吃鱼时，不慎将鱼刺卡在咽部、食管的情况经常发生。较小、较软的鱼刺有时可能随着连续的吞咽动作自然地滑下，但如果鱼刺较大或吞咽后没有滑下，就需要采取一定的急救措施。如果患者感觉局部疼痛，可令其张开嘴，用小勺将其舌头压低，再用手电筒照亮咽部，仔细检查咽部，找到鱼刺，用镊子夹出即可。如果看不到鱼刺，应及时去医院治疗，切勿自行尝试其他方法。尤其要注意千万不能让患者囫囵吞咽大块馒头、烙饼、韭菜、米饭等食物，这样做可能使鱼刺更加深入，更加不易取出，甚至导致邻近的大血管被刺破出血危及生命，也有可能造成邻近组织的感染。坊间传言喝醋能软化鱼刺，此说法并未得到证实，而且口服的醋快速经过食道后便进入胃内，并不能浸泡在鱼刺处，因而不太可能起到软化的作用，故不宜使用此方法。无论用何种方法，将鱼刺"推向下方"都是不可取的，尤其对于较大的鱼刺及倒着卡入的异形鱼刺，非常有可能刺伤消化道。

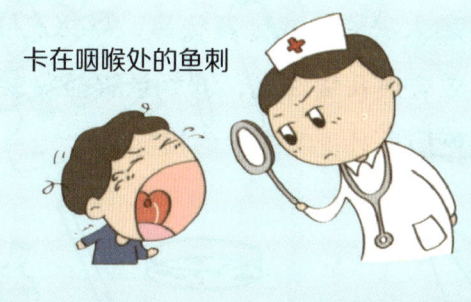

卡在咽喉处的鱼刺

第四部分　意外伤害：防不胜防　及时救治

4. 冻伤怎么处理？

冻伤是身体软组织受冻并且局部血液供应减少时所形成的损伤。当皮肤温度降到 -2 ℃时，就有可能发生冻伤。由于潮湿可加速体表散热，所以冬季湿度大的地区，冻伤发生率较高。面部及双手是最常见的冻伤部位。

（1）处理冻伤时应注意以下几点：①发生冻伤时应尽快转移至温暖的地方，使身体迅速升温，并用御寒的衣物盖住冻伤部位，可给予热饮；②受冻部位不宜立即烘烤或用热水浸泡，未破溃的冻疮可用促进血液循环的药物局部揉擦，如10%樟脑软膏或辣椒面（其活性成分辣椒素能够舒张局部血管，增加血液循环）；③已产生溃疡的冻伤可用硼酸软膏、红霉素软膏等涂擦并包扎，同时内服末梢血管扩张剂（如烟酸）。

（2）身处低温环境时应注意以下几点：①如果生活的环境较冷，或需要进入低温环境工作，应在易受冻部位涂擦凡士林或其他油脂类物质，以保护皮肤，防止冻伤；②不要让皮肤直接接触大块的冰或金属物品，以免皮肤被冰"粘"住，家长尤其应告诫儿童注意；③如果脚部发生冻伤，尽量不要行走，以免加重对受冻组织的损害。

（3）在水中小心地剥除戒指、手表、皮带、鞋及没有粘住伤口的衣服（如有粘连，可用剪刀沿伤口周围剪开），以减轻后续伤害。

（4）Ⅲ度烧伤患者，应立即用清洁的被单或衣物简单包扎，避免污染和再次损伤，并迅速送往医院。

切记：

（1）千万不要涂抹牙膏、酱油、黄酱、碱面、草木灰等，这些物质没有治疗效果，反而会造成感染，并给入院后的诊断治疗造成困难。

（2）不要将水疱挑破，以免发生感染。

（3）严重烧伤患者可出现呼吸困难甚至窒息，对呼吸停止者需要施行心肺复苏术。

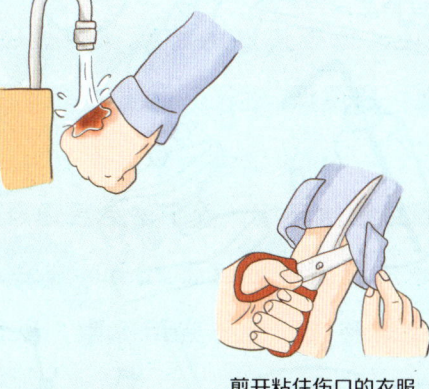

尽快用大量冷水冲洗或浸泡创面 20 min 左右

剪开粘住伤口的衣服

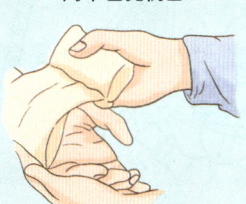

简单包扎伤口

第四部分 意外伤害：防不胜防 及时救治

3. 烧烫伤怎么处理？

烧伤是指各种热源作用于人体造成的特殊性损伤。一般习惯于把被开水、热油等液体烧伤称为"烫伤"。烧伤在家庭的发生率较高，多发于儿童，需要立即进行正确的处理，并及时去医院就诊。在日常生活中发现他人或者自己不慎被烧伤时，首先要判断烧伤的严重程度。烧伤的严重程度取决于受伤组织的范围和深度、身体局部的变化，一般可分为以下三类。

Ⅰ度：烧伤皮肤发红、疼痛、有渗出或水肿，轻压受伤部位时局部变白，但没有水疱。

Ⅱ度：皮肤上出现水疱，水疱底部呈红色或白色，充满液体，触痛敏感，压迫时变白。

Ⅲ度：伤及皮肤全层，甚至可深达皮下、肌肉、骨等；皮肤坏死、脱水后可形成焦痂，创面无水疱，蜡白或焦黄，触之如皮革，甚至已炭化；由于皮肤的神经末梢被破坏，感觉消失，一般没有痛觉；皮温低。

急救办法：

（1）使患者脱离热源或危险环境，置于安全且通风处。

（2）尽快用大量冷水冲洗或浸泡创面 20 min 左右，以中和余热、降低温度、缓解疼痛。但不宜用冰敷，以免血管过度收缩而造成组织缺血。

家庭自救与互救的那些事

心肺复苏，同时拨打120急救电话。如触电者存在电灼伤、出血、骨折等，应进行止血、固定等处理。即使触电者心跳存在、意识清楚，但自觉头晕、心慌、面色苍白、全身无力等，也应及时送医院观察，以防24~48 h内发生包括心脏停搏在内的迟发性反应。

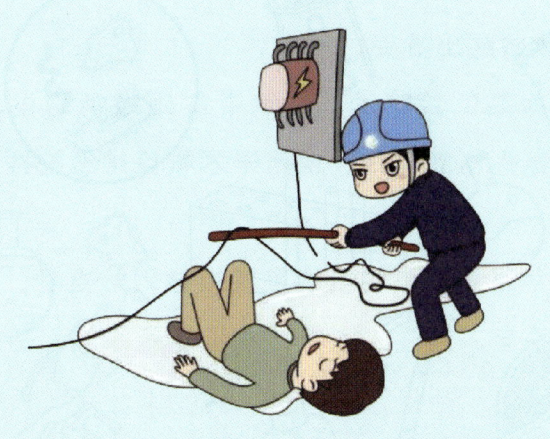

第四部分 意外伤害：防不胜防 及时救治

2. 发现有人触电怎么办？

触电是由于人体直接接触电源，导致一定量的电流通过人体，致使全身性或局部性组织损伤与内脏功能障碍，甚至死亡的现象。触电时间越长，机体的损伤越严重。误触电路、设备漏电及火灾、雷电、地震、大风等自然灾害，都有可能引发触电。

当发现有人触电时，首先应立即使触电者脱离电源，但需注意方法：

（1）如果触电位置距离电源开关或电源插座较近，可立即拉电闸或拔出插头。

（2）如果位置较远，可用带有绝缘柄的电工钳或干燥木柄的斧头切断电线，或用干木板等绝缘物插到触电者身下。

（3）如果是漏电的电线直接接触到触电者，可用干燥的衣服、手套、绳索、木板、木棒等绝缘物品将触电者与电线分开。

在确认电源已完全切断之前切勿盲目施救。高压触电的现场救护非常危险，在确定电源已被完全切断之前，任何人都必须离高压电缆18 m以上。在确认已切断电源后应立即查看触电者，如触电者已发生心脏停搏，应立即进行

家庭自救与互救的那些事

腔,清除口、鼻内的异物,松解衣领、纽扣、内衣、腰带、背带,保持呼吸道畅通,同时注意保暖。如发现溺水者已无自主呼吸,需对其进行心肺复苏,先进行5次人工呼吸,再进行30次胸外心脏按压,然后按照30∶2的按压通气比继续进行心肺复苏直至判断情况好转或死亡,在送往医院的过程中也不能停止。注意不要对溺水者进行任何形式的控水,这样不但没有任何作用,反而只会延误心肺复苏的时间。

如果是自己不慎落水,切勿举手挣扎,应仰卧,使头向后,口鼻向上露出水面;浅呼气,深吸气,可勉强浮起,等待救援。

第四部分　意外伤害：防不胜防　及时救治

1. 发现有人溺水怎么办？

发现有人溺水时，首先要及时呼救，叫更多的人来帮忙。拨打110、119、120等紧急求助电话！在呼救的同时迅速扫视四周，看有无可利用的救援工具。将树枝、木棍、竹竿等递给落水者，拉其靠岸。

施救时应注意：选择安全牢固的地点，侧身降低重心站立，最好趴在岸边，以免滑倒摔入水中。将救生圈、水桶、充气的塑料袋或球类、长绳、衣物等抛给落水者，助其漂浮待援或将其拉回岸边。需要下水救溺水者时，一定要大声告诉他，不要惊慌，有人在救你。未成年人及没有经过专业训练的人不宜贸然下水施救，专业的施救人员在营救的时候最好绕到溺水者的身后，千万不要迎面施救，那样可能被溺水者抱死。施救的时候用手托起溺水者，尽量让他呼吸空气，然后将其推向岸边。（注意：在救援过程中，一定要先保证自己的安全。）

溺水是由于大量的水灌入肺内或机体遇冷水刺激引起喉痉挛，造成窒息或缺氧的紧急意外事件。若抢救不及时，溺水者4~6 min内即可死亡。因此，将溺水者营救上岸以后，第一时间应给予现场急救，而不是送往医院。应当迅速将溺水者平放在地面，使其头偏向一侧，撬开其口

第四部分
意外伤害：防不胜防 及时救治

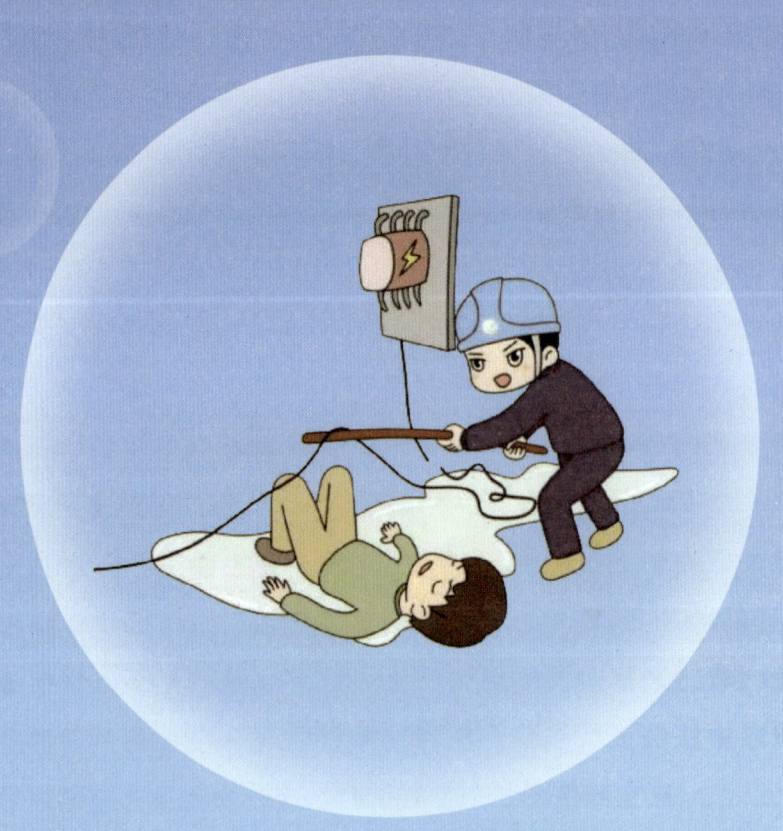

21. 急性过敏怎么办?

过敏是人体对外来物质的一种超敏反应。过敏原进入人体后，会使人体产生抗体，当过敏原再次进入人体时，会和人体内的抗体结合，从而使人体发生一系列过敏反应。过敏常表现为皮肤出现红斑、丘疹、瘙痒，亦可出现腹痛、恶心、呕吐、腹泻等症状，严重时会引发喉头水肿、喘息、呼吸困难、血压下降、抽搐、昏迷等症状。

出现急性过敏反应的表现时，应立刻脱离接触可能的过敏原。症状较轻或较局限时，有条件者可以尝试服用抗过敏药物，如酮替芬、氯苯那敏、西替利嗪、氯雷他定等。如果服用抗过敏药物效果不明显，或者在短时间内症状明显加重或影响的范围扩展，甚至出现心慌、呼吸困难、哮鸣、头晕眼花、出冷汗、脉搏微弱或血压下降等症状时，应尽快送医院就诊或拨打120急救电话。

第三部分　家庭常见急症：迅速判断　立即处理

20. 哮喘发作怎么办？

哮喘发作指喘息、气急、胸闷或咳嗽等症状突然发生，主要表现为呼气性呼吸困难、咳嗽、胸闷、气促、说话不连贯、面色苍白或青紫，严重者表现为端坐呼吸、大汗淋漓，可听到响亮的哮鸣音。

哮喘急性发作时应让患者保持半卧位，缓解呼吸困难，并安抚其情绪，切记不要给患者喂水、喂饭，以免阻塞呼吸道，发生窒息；立即给患者使用其随身携带的药物如沙丁胺醇气雾剂，在深吸气时喷1~2喷，一般可以迅速缓解呼吸困难；如果条件允许，可以给患者吸氧；如果患者出现意识不清、呼吸及心跳停止等症状，应立即行心肺复苏术，并呼喊他人拨打120急救电话（若身旁无人，可利用免提功能拨打急救电话），救助患者直至医护人员赶到。

诱发原因

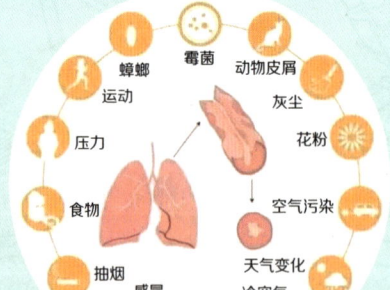

19. 中暑怎么办？

中暑是指人在温度或湿度较高、不透风的环境下，因体温调节中枢功能障碍或汗腺功能衰竭，以及水、电解质丢失过多，从而发生的以中枢神经和（或）心血管功能障碍为主要表现的急性疾病，主要表现为头痛、头晕、口渴、多汗、面色潮红、皮肤灼热、四肢湿冷等，严重时出现四肢抽搐、谵妄、嗜睡、昏迷等症状。

发现有人中暑时应迅速将其脱离高温、高湿环境，转移至通风阴凉处，让其平卧并去除其全身衣物，用凉水喷洒或用湿毛巾擦拭其全身，扇风加快蒸发、对流散热，并给其补充冷盐水。轻症者经上述处理后一般可恢复，重症者需立即转送医院就医。

18. 突发半身不遂怎么办？

突发半身不遂又称急性偏瘫，即半个身体的完全麻痹，患者大多数会出现面部麻木、口角歪斜、流涎等症状，也可以合并吞咽困难、吐字不清、恶心呕吐、意识障碍等症状，最常见于脑血管疾病，如急性脑梗死、脑出血等。

患者突发半身不遂时，如果意识清楚，应将患者平卧，安定患者情绪，保持其呼吸道通畅。如果患者发生呕吐，应将其脸朝向一侧避免误吸，装有假牙的患者需及时取出假牙。与此同时，应及时拨打120急救电话，在医生未赶到之前，尽量减少不必要的搬运，不可让患者进食或进水，以免发生呛咳或窒息。

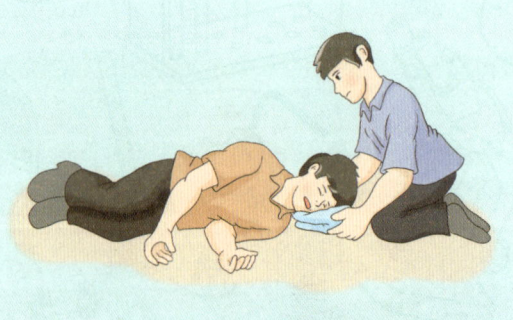

17. 突发癫痫怎么办?

癫痫,俗称"羊痫风"或"羊角风",是一种容易反复发作的脑部疾病,表现为发作时突然昏倒、手足痉挛、双眼上翻、牙关紧闭,有的口吐白沫。癫痫多由脑外伤、中枢神经系统感染、脑血管疾病、颅内肿瘤及全身性疾病所致。

发生癫痫时,家人或者旁边人可采取一些措施防止患者受伤,比如帮助患者解开衣领保持呼吸通畅,移除周围的物品防止意外伤害等至关重要,不要强压患者的身体以免患者发生骨折和脱臼。如果癫痫发作的时间持续 5 min 以上,或者癫痫发作停止后呼吸和意识未恢复,或者一次癫痫发作后紧接着又出现了第二次发作等情况发生时,应迅速拨打 120 急救电话寻求帮助。

16. 突发昏迷怎么办？

昏迷是最严重的意识障碍，表现为意识大部分或完全丧失，无自主运动，对声、光刺激无反应，对疼痛刺激可有痛苦表情及躲避反应。

发现有人昏迷的时候，首先要确定是不是真的昏迷。我们可以通过拍打患者双肩，在患者的耳边大声呼叫，观察其反应，同时观察其胸腹部有无起伏来判断呼吸。若无任何反应，胸腹部没有起伏，要立即拨打120急救电话，同时立即进行心肺复苏。如果有呼吸和心跳但没有意识，若是由外伤引起的昏迷，在伤情不明的情况下不要随意搬动患者，可将患者平卧并使头偏向一侧，使呼吸道保持通畅；如果无外伤，可以将其翻转至侧卧位保持呼吸道通畅，清除口腔分泌物，防止舌后坠，并立即拨打120急救电话，及时就医。

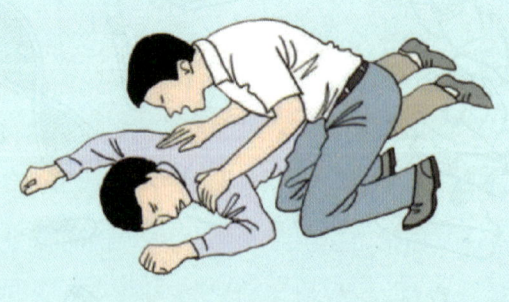

15. 突发晕厥怎么办？

晕厥是由于大脑供血不足所致的短暂意识丧失状态，发作时患者因肌张力消失不能保持正常姿势而倒地，常伴有头晕、恶心、面色苍白，还可能出现尿失禁和肢体抽搐，一般为突然发作，迅速恢复，很少有后遗症。

发生晕厥时，应该立即让患者在安静、通风的环境下平躺，头部放低以保证头部有足够的血液供应，另外要防止患者摔倒受伤等；观察患者呼吸道是否通畅，如果患者呼吸道存在分泌物要及时清理，帮助患者侧卧，以免将呕吐物吸入呼吸道。建议轻拍患者肩部看其是否有反应，或触摸其颈动脉、桡动脉看是否有搏动，并观察患者有无自主呼吸，若患者无意识、自主呼吸消失、无脉搏搏动，建议及时进行心肺复苏并拨打120急救电话。

14. 突发眩晕怎么办？

眩晕是一种感到自身或周围物体旋转或摇动的主观感觉障碍，主要表现为感到周围的事物在旋转、升降和倾斜的运动性幻觉症状，行走时感觉不稳，倾斜向一侧，或感觉被拉到地上或一侧，常伴有恶心、呕吐、出汗、脸色苍白、行走困难等症状。眩晕发作时常伴随客观平衡障碍，一般无意识障碍。

当发生眩晕时，应立即休息，尽量减少肢体活动，以避免跌倒出现外伤。一旦患者出现严重突发并无法解释的眩晕，或眩晕伴随呼吸困难、听力下降或丧失、复视或失明、行走困难、意识混乱等症状时，应立即拨打120急救电话。

13. 突发头昏怎么办？

头昏是生活中常见的非特异性症状，其病因复杂，表现多样，主要表现有视物模糊、头胀、头重脚轻、天旋地转感，可伴有乏力、恶心、呕吐、耳鸣、失眠、情绪不稳等症状。偶尔出现短暂的头昏无须特别关注，若休息后缓解可在家观察。但对于一些已经确诊有高血压、糖尿病、高脂血症、冠心病等疾病的患者或高龄患者，突然出现头昏就应该高度重视。

发生头昏时，要注意防跌倒，避免突然移动，可以立即坐下或躺下，适当口服温水，观察有无缓解。对于有高血压、糖尿病、冠心病等基础疾病的患者，突然出现头昏并伴有意识障碍，家人应立即拨打120急救电话，并让患者头偏向一侧，保持呼吸道通畅，有条件的第一时间测量患者血糖、血压。若患者存在低血糖，可适当让患者口服糖水；若患者血压高，可服用常用降压药。但对患者既往病情不了解时，切勿自行救治，应等专业医护人员到来。

12. 尿血怎么办？

尿血是一种通俗的说法，是指在排尿过程中发现尿液颜色呈浅红色，或者尿液中含有条块状血凝块的现象，这种症状在医学上被称为血尿。尿血可能由多种原因引起，疾病因素、生理因素、药物因素都是常见因素。在所有疾病因素中，泌尿系统疾病诱发尿血症状的可能性在98％以上。

大多数情况下，尿血并非危重症，不用过度紧张。部分由体位、运动因素引起的尿血可以保守观察，多喝水，不需要治疗即可自行痊愈。如果已经确认患有尿路感染，出现尿血症状，无须看急诊，因为这是很常见的症状，患者可根据临床症状以及个人身体情况，选择是否就医治疗，一般不需要去急诊治疗。但尿血伴有高热、头痛、腰痛以及持续呕吐等症状，应立即前往急诊室就诊或拨打120急救电话。

11. 便血怎么办？

便血是指血液由肛门排出。便血时大便可呈鲜红色、暗红色或者柏油样黑色。引起便血的原因很多，常见的是胃、肠、肛门疾病所致，白血病、血小板减少性紫癜等非胃、肠、肛门疾病也可能导致便血。

便血需要明确病因，病因不同治疗的方案也不同。如果是肛裂、痔疮导致的出血，不严重的情况下局部涂抹药物就可以止血，在家可经常坐浴，多清洁肛门处，保持大便柔软。若便血同时伴有以下情况，建议去急诊或拨打120进行救治：突发大量黑便、鲜血便，或原有便血基础上较前明显加重；大量便血伴随剧烈腹痛，伴头晕、心慌、晕厥等表现。

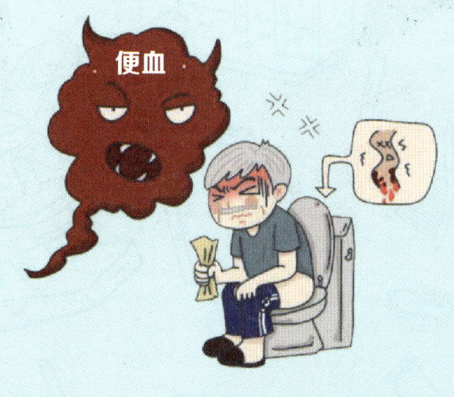

10. 鼻出血怎么办？

鼻出血在生活中比较常见，可由鼻子本身疾病如鼻部损伤、结构异常、炎症、鼻腔异物或新生物，以及全身性疾病如高血压、血液病、肝肾功能不全等引起。

偶尔的涕中带血或者少量流血，可在家观察。如出血较多，可用手指捏紧双侧鼻翼或将出血侧鼻翼压向鼻中隔10~15 min，同时冷敷前额和后颈部。如果出血量较大，甚至血流如注，应立即就医或拨打120急救电话，这时不要将头后仰，因为较多血液进入胃部可能引起恶心、呕吐，另外避免血液误吸入气管引起呛咳甚至窒息。

9. 咯血怎么办？

咯血是生活中常见的急症之一，少量咯血可表现为痰中带血，大量咯血时血液会从口腔和鼻子涌出，严重者甚至会引起呼吸道阻塞，导致窒息死亡。需要注意的是，咯血量的多少与疾病严重程度并不完全一致，发生咯血时建议及时就医。

发生咯血时，应在防止窒息的前提下立即卧床休息或就地休息，拨打120急救电话，同时可在胸部放置冰袋或冰块冷敷；如果出现急性大咯血的症状，应立即停止活动就地休息，立即拨打120急救电话；如果出现窒息的表现，家属应迅速让咯血者采取头低脚高的体位，并持续拍打其后背促进血液排出。

特别需要注意的是，发生咯血时千万不要过于慌张，尽量将血液咯出，咯出的血液可以补充回来，但发生窒息则很可能马上造成生命危险。

第三部分　家庭常见急症：迅速判断　立即处理

8. 呕血怎么办？

呕血也就是我们常说的"吐血"，是指血液从口腔吐出的一种表现，主要是由消化系统病变所致，占所有病因的80%~90%。此外，血液病、感染、结缔组织病等全身性疾病，以及药物所致的急性消化道黏膜损伤等，都可导致呕血。呕血常伴有黑便，出血量多时可出现头晕、心慌、出冷汗等症状。

呕血为病理性表现，所以一旦呕血，建议及时就诊以明确病因。出现呕血表现时，应暂时不要进食水，减少活动，可采取半卧位或侧卧位，不建议平躺，应及时吐出口中残存的鲜血，避免血液误吸，然后在家属陪同下尽快就医。当呕血量大，伴有明显的头晕、心慌、出冷汗等表现时，考虑病情比较危急，应立即拨打120急救电话寻求帮助。

7. 突发腹泻怎么办?

急性腹泻是以大便次数增多（>3次/d），粪质稀薄、含水量增加（>85%）和大便性状改变（如水样便、黏液便、脓血便等）为特点的消化道综合征，常伴有不同程度的腹痛、排便急迫感、肛门不适等症状，多由自限性感染引起。

腹泻会造成胃肠道功能紊乱，消化能力下降，腹泻患者应以细软、容易消化，富含维生素、高热量、高蛋白（对蛋白质过敏者除外）的饮食为主。轻度脱水者可适当使用口服补液治疗。腹泻发生时可对症止泻，蒙脱石散有吸附肠道毒素和保护肠黏膜的作用，能缩短腹泻的病程和降低腹泻频度。腹泻若伴有面色苍白，四肢湿冷，少尿或无尿，神志不清，不能对呼喊、摇晃之类的外界刺激做出反应等症状，应立即到急诊科就诊或拨打120急救电话寻求帮助。

第三部分 家庭常见急症：迅速判断 立即处理

6. 突发腹痛怎么办?

突发腹痛是极为常见的症状，往往发生较突然，一般发生在几分钟之内。急性腹痛的病因多种多样，除了常见的消化道溃疡、急性阑尾炎、泌尿系结石、肠梗阻等疾病可引起腹痛急性发作外，急性心肌梗死、肺栓塞、宫外孕破裂、卵巢囊肿蒂扭转等疾病也可引起腹痛的急性发作。

突发腹痛时应就地休息，采取舒适的体位，尽量放松全身，避免精神紧张和恐惧，这样可以使腹痛缓解，也可以服用一些解痉止痛药物缓解疼痛。虽然不是所有的急性腹痛都会危及生命，但伴有其他危重症状如面色苍白、心率加快、呼吸困难等症状，或遭受暴力、外伤、车祸后出现剧烈腹痛，或伴有胸痛、胸闷、乏力等表现时，可能情况比较危急，应即刻去急诊或拨打120急救电话寻求帮助。

5. 突发胸痛怎么办？

胸痛是生活中常见的症状，多数由胸部疾病，如冠心病、主动脉夹层、肺栓塞、气胸等引发，少数可由其他疾病，如带状疱疹、心理疾病等引起，极少数胸痛可能没有明确的原因。

胸痛发作时不能随便吃药，除非有明确的诊断，否则会掩盖病情，比如心肌梗死、肺栓塞、主动脉夹层等，都是非常危险的情况；如果先服用了止痛药，患者以为好转了，随便活动，很有可能加重病情，随时会危及生命。

胸痛发生时先不要惊慌，首先应安静休息，如果以往有心绞痛发作的经历，舌下含服硝酸甘油；如果觉得呼吸困难，家中有吸氧设备可以吸氧。原则上来说为避免贻误病情，建议及时就医，如有严重胸痛，并伴随其他症状如胸闷、呼吸困难、乏力、出汗等，建议即刻拨打120送往医院急诊。

第三部分　家庭常见急症：迅速判断　立即处理

4. 突发头痛怎么办？

头痛在生活中十分常见，病因繁多。神经痛、颅内感染、颅内占位病变、脑血管疾病、头面部疾病，以及全身疾病如急性感染、中毒等均可导致头痛。

如果没有其他的伴随症状，考虑是神经性头痛或者偏头痛的发作，快速缓解的办法是吃一些止痛药，如氨酚待因片、布洛芬缓释胶囊、对乙酰氨基酚片等。如果头痛伴有功能障碍，比如喷射性呕吐、肢体活动障碍、呼吸减慢或呼吸不规律、癫痫发作以及剧烈头痛难以忍受等，这期间就不要服用任何止痛药物，一定要及早到医院就诊或拨打 120 急救电话。同时需要排除严重的恶性疾病，比如脑出血造成颅内压增高等。当发现严重疾病后应针对病因进行相应检查、治疗，以防止病情恶化。

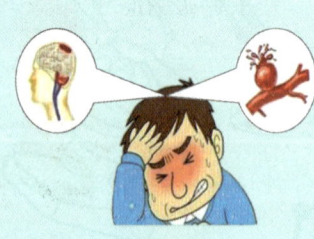

3. 发烧怎么办？

　　自觉发烧时，应首先测量体温（擦干腋下，用温度计测量腋温）。如果为低热（体温为 37.4～38.0 ℃），精神状况良好，无剧烈呕吐或腹痛等症状，需适当饮用温盐水，补充水分。如果补充水分后体温继续升高至超过 38.5 ℃，则可服用退烧药物（如布洛芬等）；如果服用药物后体温仍未下降，则需用凉毛巾敷患者额头或擦拭其腋下、腹股沟等部位，进行物理降温，也可以用温水进行擦拭，帮助降温。在用药或物理降温后 1 h，需测量体温，并记录体温变化，直至患者体温下降。若测量体温超过 39 ℃，应及时就医，以免因高热对脑组织产生损伤。

　　年龄大于 70 岁者或有免疫缺陷性疾病者发烧时，应及时就诊；若发烧伴呼吸困难、血压下降、脉搏弱、胸痛、少尿或无尿、全身皮疹等症状时，要及时就诊，必要时拨打 120 急救电话；若高烧不退，伴有意识不清，如高热惊厥、谵妄等表现时，应立即拨打 120 急救电话。

成人发烧
处理方法

补充水分

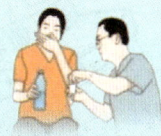
适当用药

物理降温

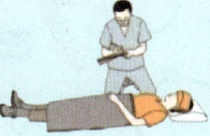
记录体温

第三部分 家庭常见急症:迅速判断 立即处理

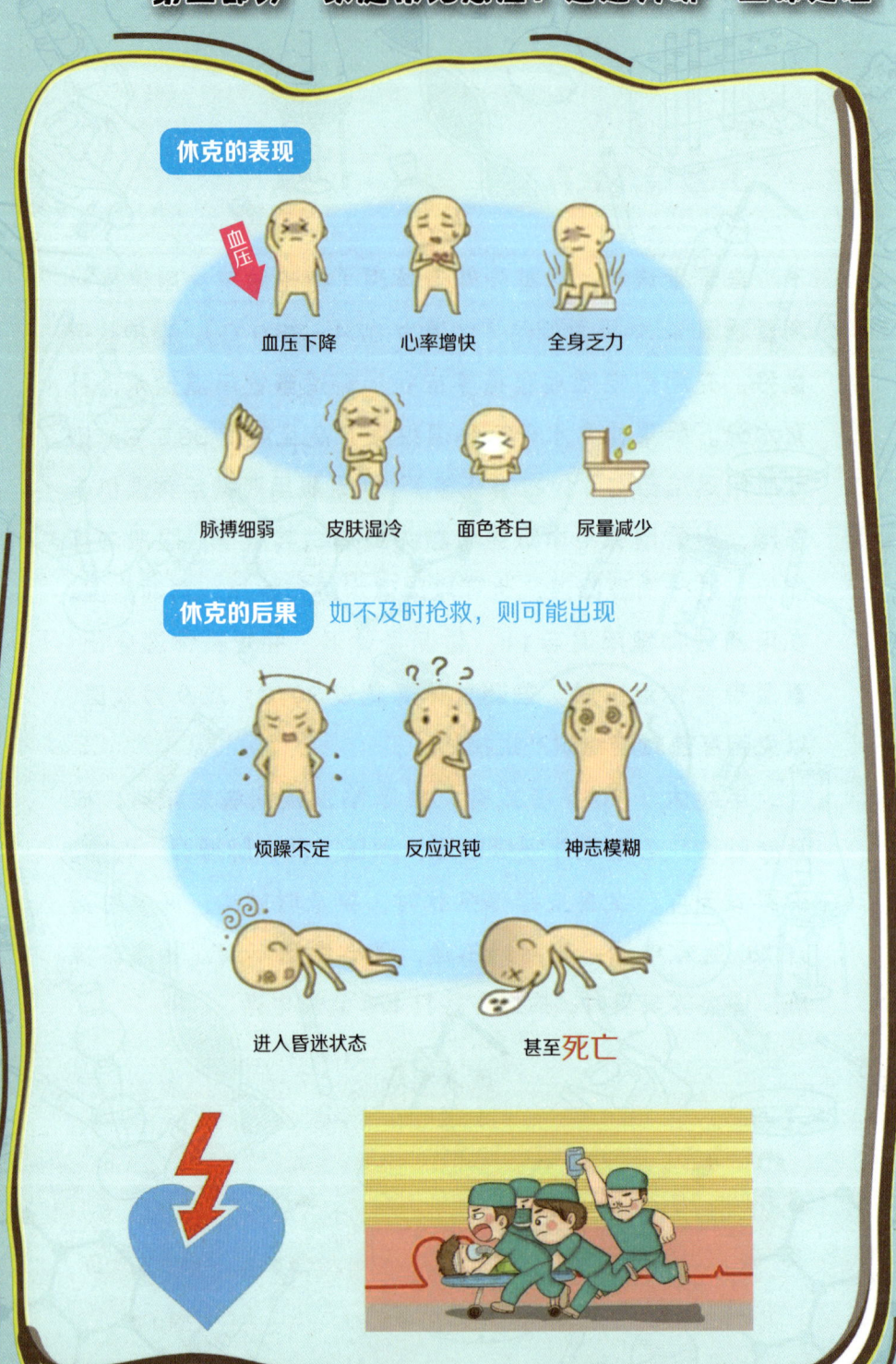

2. 休克怎么办？

休克是由多种原因导致的全身组织器官低灌注、肌体氧输送和（或）组织氧利用障碍、危及生命的急性循环衰竭，可由感染、失血、药物过敏及严重外伤等引起。

休克是危急重症，如发现患者有疑似休克的表现（皮肤湿冷、意识改变、血压降低）或明显休克诱因（创伤、过敏、失血失液），首先检查其意识（高声呼叫、拍打患者未受伤部位，观察患者有无反应）、呼吸（观察患者胸腹部有无起伏），若无意识、呼吸，应立即进行心肺复苏并拨打120急救电话。

对于各种原因引起的急性创伤者，应迅速脱离危险环境，有条件的应将伤者搬运至安全的地方，搬运时注意保护颈椎、脊柱，避免二次损伤，若有可疑骨折，应注意尽量避免骨折部位活动；对于有外伤者，检查有无活动性出血部位，尽可能止血，如局部压迫；对于过敏性休克者，尽可能去除过敏原；对于烧伤者，应脱离高温环境，减少水分流失。

第三部分　家庭常见急症：迅速判断　立即处理

1. 心搏骤停怎么办？

心搏骤停是指心脏射血功能的突然终止，大动脉搏动和心音消失，重要器官（如脑）严重缺血、缺氧，最终导致生命终止。这种出乎意料的死亡，医学上又称为猝死。

若发现某人突然倒地，首先通过拍打其双肩，大声呼喊，看其是否有反应来判断其是否有意识，通过观察其胸腹部有无起伏来判断其是否有呼吸。若患者无意识、无呼吸，据此可确认为心搏骤停。

如果明确为心搏骤停，首先要赶紧呼救并拨打120急救电话，取来AED（如果有条件）急救；其次需立即实施心肺复苏术，包括胸外按压、开放气道、人工呼吸等，按压30次、人工呼吸2次为一个循环，一般5个循环为一组，在2 min内完成，然后判断生命体征，若未恢复再继续进行，一直到120急救车来。若没有接受过心肺复苏培训，可只进行胸外按压，因为单纯胸外按压也可起到一定程度的通气作用。

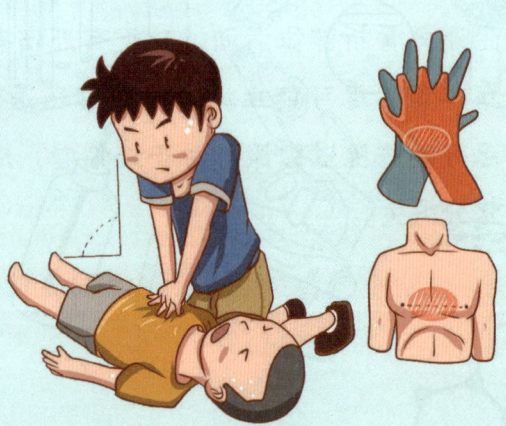

第三部分
家庭常见急症：迅速判断 立即处理

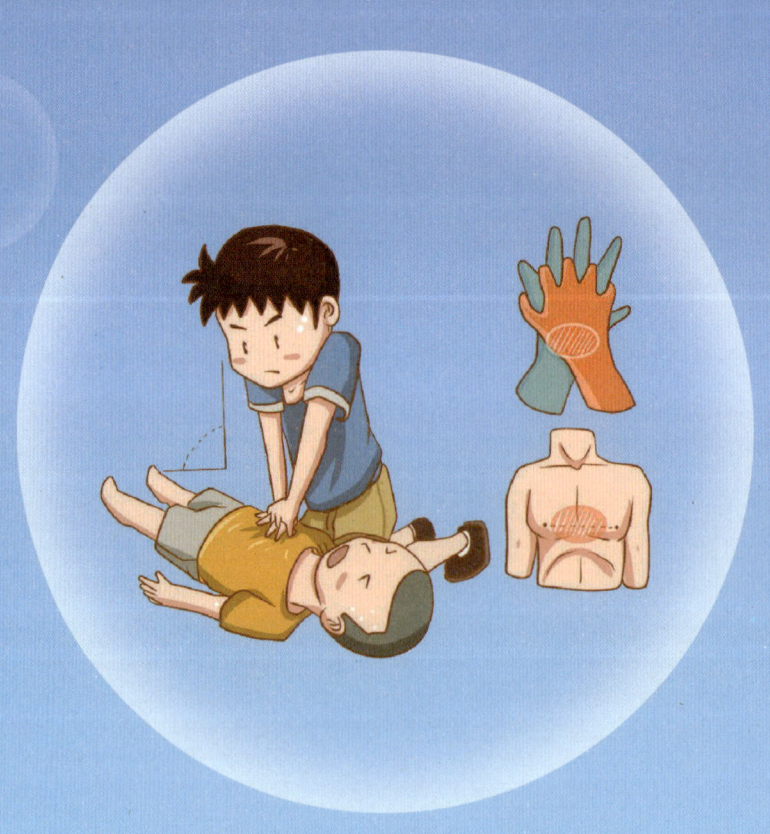

第二部分　家庭必须掌握的基本急救技术

23. 正确的搬运方法是怎样的？

在创伤急救第四步中，正确的搬运方法对于患者的安全和后续的救治非常重要。

（1）在搬运前，需要检查伤者的受伤情况，确定是否需要医疗救助。如果需要医疗救助，需要将伤者及时送往医院接受治疗。

（2）选择合适的搬运工具。搬运工具应该是结实、平稳且支撑面积足够的，如车辆、担架等。

（3）遵循安全原则。在搬运过程中，需要遵循安全原则，如平稳、缓慢等，以避免患者受伤或二次伤害。

（4）注意搬运姿势。搬运姿势应该是舒适、平稳且不会对患者造成伤害的，如侧卧、抱膝等。

（5）注意身体接触。搬运过程中，需要保持身体接触，以避免患者受伤或二次伤害。

（6）尽快送往医院。在搬运完成后，需要尽快将患者送往医院接受治疗，以提高救治效率。

总之，正确的搬运方法对于创伤急救非常重要，可以有效地减少患者的痛苦和损伤，并有助于患者后续的救治。如果出现出血不止或其他紧急情况，应该立即就医并遵循医生的建议。

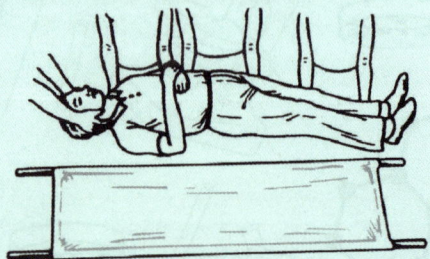

家庭自救与互救的那些事

060

第二部分　家庭必须掌握的基本急救技术

22. 固定的正确方法是怎样的?

创伤急救的第三步是正确固定受伤部位，以避免二次伤害并促进伤口愈合，以下是一些正确的固定方法：

（1）用石膏绷带固定。该方法适用于四肢骨折和关节固定等，将石膏绷带紧贴于受伤部位，并用胶布固定。

（2）用夹板固定。该方法适用于四肢骨折和关节固定等，将夹板放置在受伤部位下方，并用螺丝钉或铝钉等固定。

（3）用绷带固定。该方法适用于软组织挫伤、扭伤和脱臼等，将绷带放置在受伤部位，并用胶布或绳子等固定。

（4）支具固定。该方法适用于四肢骨折和关节固定等，使用支具将受伤部位固定住。

在进行固定时，需要注意以下几点：①固定时要尽量保持伤口清洁，避免感染；②固定时要紧贴皮肤，不能过松或过紧；③固定后需要检查伤口情况，确保没有进一步出血；④如果伤口比较大或者出血比较严重，需要及时采用其他止血方法。

总之，正确的固定方法对于创伤急救非常重要，可以有效地避免二次伤害并促进伤口愈合。如果出现出血不止的情况，应该立即就医并遵循医生的建议。

家庭自救与互救的那些事

总之,正确的包扎方法是创伤急救的重要一步,可以有效地减少伤口出血和保护伤口,并且方便后续治疗。

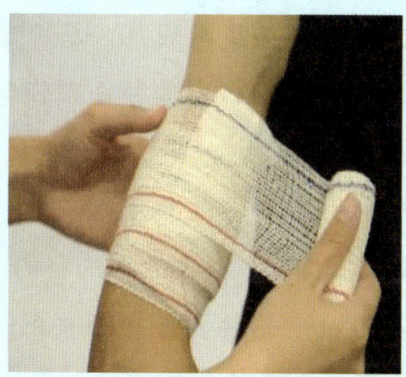

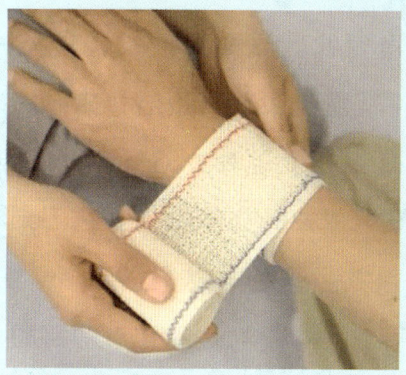

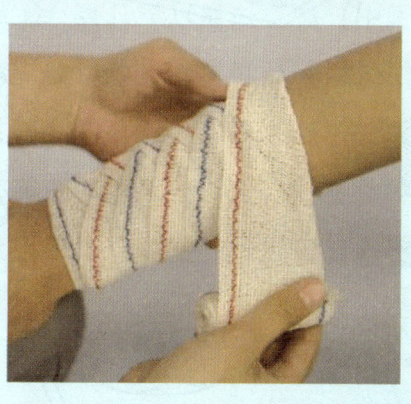

21. 包扎的正确方法是怎样的？

在创伤急救中，第二步是包扎，正确的包扎方法非常重要，可以有效地减少伤口出血和保护伤口。以下是一些正确的包扎方法：

（1）弹性包扎。这种方法是用橡皮筋、弹性绷带等弹性材料在伤口处紧紧缠绕，达到止血的目的。

（2）止血带包扎。这种方法在四肢止血时应用比较广泛，需要到医院由专业医生操作。

（3）三角巾包扎。这是一种比较常见的头部、胸部和腹部包扎方法，适用于面部、颈部和四肢的急救。

（4）燕尾式包扎。这种方法适用于四肢和躯干等处的创伤，可以很好地保护受伤部位，并且固定牢固。

（5）枕式包扎。这种方法是将手帕、纱布等软垫放在头颈部或前额和下颌处，以达到止血的目的。

在包扎过程中，需要注意以下几点：①绑扎伤口时不能过紧，以免损伤组织和血管；②包扎时要保证伤口清洁，不能在伤口上涂抹任何药物或者泥土；③在包扎之前，需要明确出血的原因和位置，以便进行正确的止血处理；④如果伤口比较大或者出血比较猛烈，需要及时使用止血带进行止血处理。

20. 止血的正确方法是怎样的？

在创伤急救中，止血是第一步，也是非常重要的一步，它为患者后续的救治赢得充足的时间。在止血方面，主要有以下几种方法：

（1）指压止血。用手指压住出血的部位，让它不出血。这是简单有效的方法，但是持续时间不能很长，因为手指压住伤口时，血液会回流，不能达到有效的止血效果。

（2）加压包扎。用干净的纱布等物品加压包扎伤口，达到止血的目的。

（3）止血带止血。在四肢手术过程中常用止血带来阻断主要的供血血管出血。

（4）局部药物止血。常用明胶海绵、纤维蛋白胶、止血纱布或者止血药物来止血。

（5）填塞止血。用纱布、棉花等填塞在出血部位，达到止血的目的。需要注意的是，在止血过程中，要保持伤口清洁，避免感染。如果出现大量出血、呼吸困难、肢体缺血等紧急情况，应及时就医治疗。

第二部分　家庭必须掌握的基本急救技术

19. 什么是创伤急救"四步法"？

　　创伤急救的四大基本步骤也称为四步法，即止血、包扎、固定、搬运。这些步骤是在创伤急救的过程中必须遵循的基本程序，以确保患者得到及时有效的救治。其中，止血是第一步，也是最重要的一步，因为只有有效地止血才能避免出血过多导致休克或死亡，为后续的治疗争取更多的时间。包扎是第二步，主要是用纱布、绷带等在伤口处进行紧急止血和初步包扎，以避免进一步出血和伤口被污染。固定是第三步，主要是用夹板、石膏等将受伤部位固定住，以避免二次伤害，减轻患者疼痛，方便进行转运等。搬运是第四步，主要是将患者转移到安全、清洁的地方，并及时送往医院接受进一步治疗。在创伤急救的过程中，现场人员需要根据患者的具体情况进行适当的处理和搬运，以确保患者的生命安全和身体健康。

止血、包扎、固定、搬运

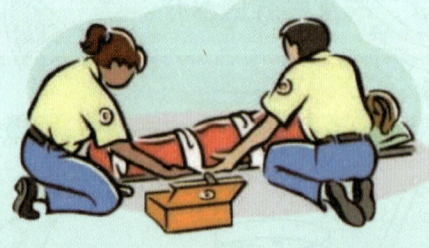

施救者的前臂支撑在膝盖和大腿上，施救时注意避免压迫婴儿喉部的软组织。用另一只手的手掌根部在婴儿的肩胛之间用力拍背5次，力量应掌握在可以清除气管异物。之后将拍背的手掌托住婴儿枕部，将婴儿完全固定在两只手臂之间，翻转婴儿的身体，使其面部朝上，用手指在婴儿胸骨下半部进行5次快速冲击。重复上述过程，直至气管异物排出。不可以用手指在患儿口中盲目探查，避免将异物推向咽喉的深部而损伤口咽。

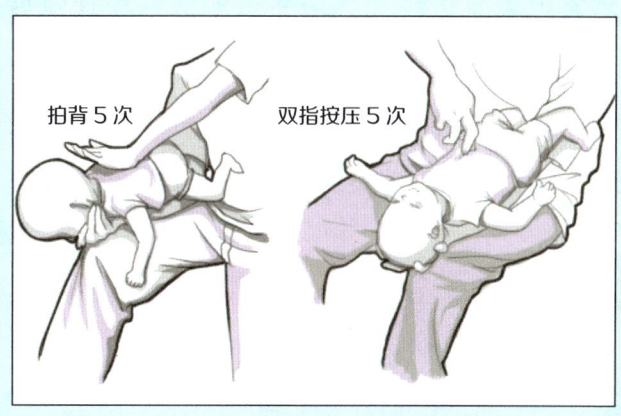

（4）孕妇及肥胖者气管异物处理方法。对于肥胖患者，如果施救人员无法环抱其腹部，可以使用胸部冲击法（救助者站在患者身后，把上肢放在患者腋下，将其胸部环抱住。一只拳头的拇指放在患者胸骨中线，注意避开剑突与肋骨下缘，另一只手抓住拳头向后冲击，直至异物排出）。对于怀孕待产窒息患者，施救人员应采取胸部冲击法替代腹部冲击法。

第二部分　家庭必须掌握的基本急救技术

通知 120 急救。

意识清楚的可以站立的幼儿，或 3 岁以上的儿童出现气管异物梗阻时，仍使用海姆立克急救法进行急救。救护者站在儿童背后，手臂直接从儿童腋下环抱其躯干。一手握拳，将拳头的大拇指侧对准儿童腹部中线处，在肋骨下方和脐部的稍上方。用另一手握在此拳头外，尽力做一系列快速向内向上的推压动作，不要触到肋骨或剑突。每次推压动作应该是单独而明显的。持续腹部推压直到异物排出或儿童意识恢复而停止。用手法解除气管梗阻后，若看见异物，应将其去除，但不要盲目地用手指去清除小儿吸入的异物，因为这样可能将异物推入气管，引起进一步梗阻。如患儿已经意识不清楚，则需要立即开始心肺复苏。

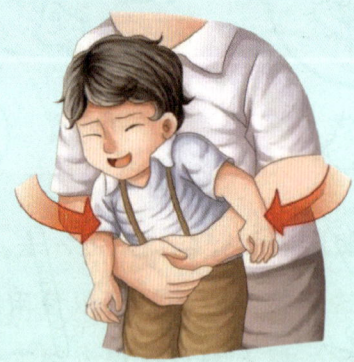

（3）婴儿气管异物处理方法。当发现婴儿气管内有异物时，可拍其背部和胸部通过快速冲击来解除窒息。施救者单侧抬腿站立或坐下，一只手托住婴儿的头部和下颌，使婴儿脸向下，略低于胸部，身体贴靠在施救者前臂上。

内压力骤然增加。由于胸腔是密闭的，只有气管一个开口，故气管和肺内的气体会在压力的作用下自然地涌向气管口。每次冲击可产生450～500 mL的气体，从而可能将异物排出，恢复气管通畅。每次冲击应是独立、有力的动作，注意施力方向，防止胸部和腹内脏器损伤。

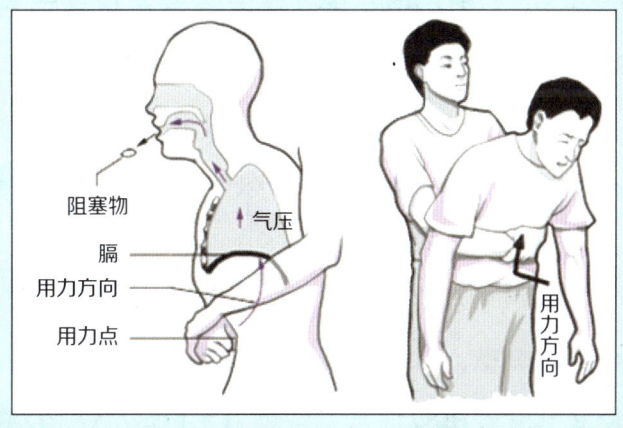

发生急性气管异物梗阻时，如果身边无人，也可以自己实施腹部冲击法，原理相同，将上腹部压向任何坚硬、突出的物体如桌子、椅子、床头，或是比较宽的窗台，顶在脐上两指位置，仰头，把气管拉直，伸直脖子，用力冲击，把异物冲出来，可反复实施。

（2）儿童气管异物处理方法。一般当目击者高度怀疑儿童气管吸入异物（如花生米、葡萄、果冻或一些小玩具零件）时，只要儿童咳嗽有力，应鼓励儿童连续咳嗽和用力呼吸。如果已经咳不出声、呼吸困难、吸气时高调喘鸣，并且脸色青紫，则需要用手法解除气管梗阻了，同时尽快

第二部分　家庭必须掌握的基本急救技术

18. 气管异物梗阻时怎么使用海姆立克急救法？

气管异物梗阻是危及生命的常见紧急情况，多见于老年人、儿童，是导致昏迷和呼吸、心跳停止的常见原因。如不及时解除梗阻，患者会很快因缺氧而出现面色发绀、意识障碍现象，甚至死亡。如果异物早期梗阻在喉、气道、声门和气管内，及时采用一些简单的清除方法，完全有可能将其排出，解除梗阻。现场抢救的时间、方法及程序正确与否，是挽救生命的关键。

（1）成人气管异物处理方法。如果患者发生轻度气管梗阻，其会用力咳嗽，此时不要干扰其自主咳嗽和呼吸。只有在出现严重气管梗阻的征兆（如咳嗽无声、呼吸困难加重并伴有喘鸣音，或无反应）时，才可帮助其清除异物。一旦患者出现呼吸困难症状，应立刻启动急救反应系统。如果有多人在场，则一人拨打120急救电话，另一人采用海姆立克急救法救护窒息患者。采取急救措施前，施救人员应向患者说明并征得其同意。意识尚清醒的患者可采用站立位或坐位。施救人员站在患者背后，脚步为弓箭步，前脚置于患者双脚间，然后将双臂分别从患者两腋下前伸并环抱患者，令患者弯腰，头部前倾。施救者一手握空心拳，拳眼顶住腹部正中线脐上方两横指处；另一手紧握此拳快速向内向上冲击，将拳头压向患者腹部，使膈肌突然上升，这样可使患者的胸腔

17. 心肺复苏要注意哪些情况？

（1）心肺复苏的时间。有研究表明，当心肺复苏持续 30 min 以上基本无自主心跳及呼吸恢复的可能时，大脑将存在不可逆损伤，因此建议将心肺复苏持续 30 min 作为终止复苏的指标之一。但是，对于特殊人群和特殊疾病引起的心跳、呼吸骤停者可以合理延长心肺复苏的时间，如体温过低（如浸没在冰水中）者、药物过量者、婴幼儿心搏骤停者或存在其他引起心搏骤停的潜在可逆性病因的患者。

（2）不适合做心肺复苏的人群。心肺复苏是针对心脏猝死患者采取的一项急救技术，但是并不是所有人都适合做心肺复苏。以下人群不适合做心肺复苏：①心跳和呼吸都存在，不需要进行心肺复苏；②胸部严重外伤的人，怀疑肋骨骨折或者胸骨有伤，心肺复苏可能导致胸部损伤加重；③明确没有实施心肺复苏的必要，如心、脑、肺、肾等多脏器功能衰竭，损伤已不可逆者，瞳孔明显散大者等，则不需要实施心肺复苏。

（3）可以停止心肺复苏的情况。施救人员开始心肺复苏后，若出现以下情况则可以停止复苏：①现场环境不安全，急救人员的安全无法得到充分保证；②被施救者自主呼吸及心跳恢复良好，意识恢复；③有其他人员接替抢救，或者有医生接手抢救工作；④如进行心肺复苏 30 min 以上，且有医生到场确定患者出现脑死亡或心脏停止搏动时，可考虑终止心肺复苏。

复苏，尽快给予人工呼吸和胸外心脏按压，按压次数和人工呼吸比为30∶2。经短期抢救后心跳、呼吸没有恢复者在转运去医院的过程中，不能停止心肺复苏。现场急救后，即使溺水者自主心跳及呼吸已恢复，但因缺氧的存在，仍需送医院进一步观察24~48 h。

（4）有条件时可尽早使用AED除颤。如果可以立即取得AED，则优先使用AED，再进行心肺复苏。

16. 对窒息所致心搏骤停者如何施救？

日常生活中，常见的导致窒息的因素有大咯血或者痰液导致的上呼吸道梗阻、煤气中毒、胸部严重挤压等。对因窒息导致的心搏骤停者应这样施救：

（1）对于因血块或分泌物等阻塞咽喉部的患者，应迅速将其面部偏向一边，轻拍其背部，使其排出气道和口咽部的血块，或直接掏出口腔内的血块或分泌物，以解除窒息。

（2）清理完患者口咽部分泌物以后，应用手法开放其气道，尽快对其进行人工呼吸和胸外按压。

15. 对溺水所致心搏骤停者如何施救？

溺水是指人淹没于水中，由于水或液体或其中的杂物充塞呼吸道和肺泡，引起窒息和缺氧；或由于喉反射、气管、支气管痉挛引起呼吸困难进而导致窒息和缺氧的状态。

对溺水导致的心搏骤停者进行心肺复苏的时候应遵循开放气道、人工通气、胸外按压的顺序，有条件时可尽早使用 AED 进行除颤。

（1）开放气道。由于溺水者的病因是缺氧，尽早开放气道和人工呼吸优先于胸外按压。待溺水者上岸后应将其置于平卧位，立即清理其口鼻的泥沙和水草，用常规手法开放气道。不应为溺水者实施各种方法的控水措施，包括倒置躯体或海姆立克手法。开放气道后应尽快进行人工呼吸和胸外按压。如果溺水者存在自主有效呼吸，应将其置于稳定的侧卧位，口部朝下，以免发生气道窒息。

（2）人工通气。清理完溺水者口鼻内的泥沙水草并对溺水者开放气道之后，用 5~10 s 观察其胸腹部是否有呼吸起伏，如果没有呼吸或仅有濒死呼吸，应尽快给予 2~5 次口对口或口对口鼻的人工通气，每次吹气 1 s，确保能看到胸部有效的起伏运动。

（3）胸外按压。对呼吸、心脏停止者应迅速进行心肺

第二部分　家庭必须掌握的基本急救技术

14. 对创伤所致心搏骤停者如何施救？

创伤致心搏骤停的主要原因包括：①呼吸道创伤或胸腹部联合创伤等导致缺氧；②心脏、主动脉或肺动脉等重要器官损伤；③严重头部创伤影响生命中枢；④大量血液丢失导致严重低血压。对创伤性心搏骤停患者应采取如下措施：

（1）创伤现场时常处于危险状态，对救援人员和伤员的生命构成危险。不注意事发现场的安全程度，盲目救援，就有可能造成不必要的伤亡。因此，要首先查看和分析救治场所的安全状况。如果没有危险因素，应就地抢救伤员，稳定其病情。如果现场安全性差，应想办法将伤员移至安全场所，再实施救治。

（2）在实施急救的同时，迅速拨打120急救电话，使伤员在第一时间获得有效救治。

（3）救治创伤的第一目的是挽救伤员的生命，评估伤员的呼吸状况及意识情况，如果无呼吸、呼吸浅慢或心跳停止，立即现场实施心肺复苏。对怀疑颈部损伤者，在开放气道时应采用托下颌的方法，尽量避免头部后仰，以免损伤脊髓。如有可能的话，用一只手从颈后稳定住他的颈部。

（4）有些伤员需要搬运转入医院进一步救治，对这类伤员应先通过现场急救稳定病情，再对受伤的肢体或躯干（特别是颈部和脊柱脊髓损伤）进行适当固定，最大限度地避免搬运中发生创伤加重的可能。

13. 如何对孕妇实施心肺复苏？

孕妇作为特殊时期的一组人群，尽管出现突发心搏骤停的概率非常低，但因会殃及母子两人的生命，危害性极大。孕妇发生心搏骤停的主要原因是心血管疾病。识别孕妇心搏骤停的方法和其他人是一样的，即检查反应能力和自主呼吸。如果孕妇没反应，呼吸也不正常，就假定她出现心搏骤停。此时要立即拨打120，并开始心肺复苏。（注意：拨打120时，一定要告诉接线员患者怀孕了。）

心肺复苏操作步骤：①让孕妇仰卧在一个平坦坚硬的台面上，如地板或硬质床上；②用力快速按压胸部中心，胸部下压至少5 cm，以100~120次/min的速度进行按压；③按压30次后，进行2次人工呼吸；④每按压5轮，立即重新观察孕妇反应和是否有正常呼吸，如果没有反应和呼吸，继续进行心肺复苏；⑤继续这个顺序，直到AED送达或120救援人员到达。

注意：在按压过程中可以手动将子宫向左侧移位来确保血液流向心脏，可用单手或双手手法。单手手法：施救者站在患者右侧，将其子宫推向左侧。双手手法：施救者站在患者左侧，用双手将其子宫拉向左侧。

第二部分　家庭必须掌握的基本急救技术

按压。按压部位在胸骨上，乳头连线正下方，确保没有按压到婴儿肋骨，给予 30 次胸外按压。垂直向下按压至少胸部厚度的 1/3，或约 4 cm。以 100~120 次/min 的速度按压，大声计数按压次数。每次按压后，让胸部恢复到正常位置。在完成 30 次按压后，给予 2 次人工呼吸。

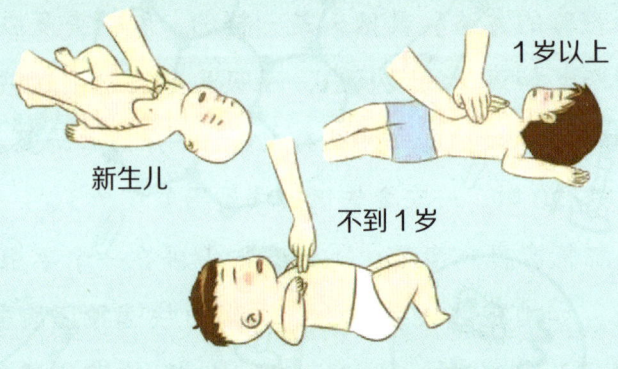

（3）清除婴儿口鼻腔内可见的阻塞物，用手指小心地勾出。将一只手放在婴儿的前额，另一只手的一根手指托住婴儿下颌，使其头部轻微后仰，下颌角和耳垂的连线与仰卧位的平面成 30°角即可。

（4）正常吸一口气后将嘴唇罩住婴儿的口和鼻，确保密闭性，在 1 s 内将气体平稳吹进婴儿口鼻内，婴儿胸廓鼓起表示吹气有效。吹气结束后，观察婴儿胸廓是否下降。如果吹气时胸廓鼓起，吹气结束后胸廓下降，表明一次人工呼吸有效。

12. 如何对婴儿实施心肺复苏？

由于婴儿体形非常小，因此对婴儿实施心肺复苏和对儿童实施存在一定差别。发现婴儿出现意外时，首先确保急救现场环境安全，必要时先将婴儿移至安全地带。

（1）用一根手指适当刺激婴儿的足心，或用手掌心拍击婴儿的足底，同时大声呼唤，观察婴儿的反应。如果婴儿没有任何反应，可以掐按其人中，判断其意识状态。如果没有呼吸及意识，立即予以心肺复苏。

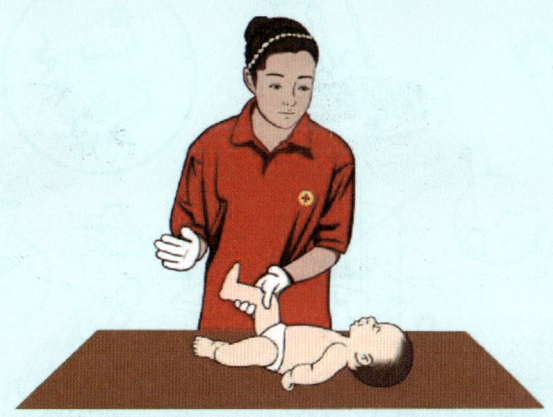

（2）将婴儿仰卧在坚固、平坦的台面上。迅速除去婴儿的衣服，对于新生儿，可以用两手的大拇指进行胸外按压；对于不到1岁的婴儿，可以一只手的示指和中指并拢进行按压；对于1岁以上的婴儿，可以使用掌根交叉法进行

第二部分　家庭必须掌握的基本急救技术

（5）打开气道和进行人工呼吸。检查患儿口腔有无异物，如有异物将其取出。采用"压额头，抬起下巴"的方法打开呼吸道。当患儿没有自主呼吸，或呼吸不正常的时候，予两次人工呼吸。采用口对口或口对口鼻方式进行通气。

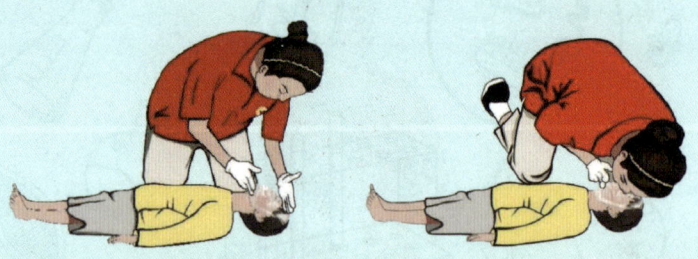

对于无反应、呼吸异常、无生命迹象的患儿，应立即开始心肺复苏，不需要检查脉搏。单人操作时，按压次数和通气比为30∶2；双人操作时，按压通气比为15∶2。一般要求每2 min两名施救者应交换职责，每次交换5 s内完成。每完成5轮，需要再次查看患儿的意识、心跳及呼吸，如未恢复，持续心肺复苏直至120急救人员到达现场。

家庭自救与互救的那些事

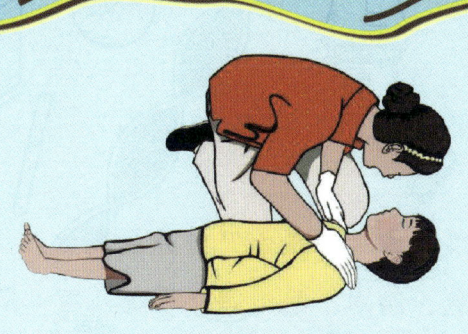

（3）检查呼吸。迅速将患儿仰卧在硬质平面并快速检查其呼吸，时间约10 s。如没有自主呼吸，或出现叹气样呼吸，立即大声呼救并拨打120急救电话，准备开始进行徒手心肺复苏。

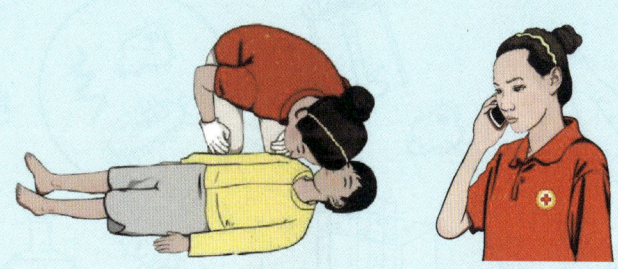

（4）徒手心肺复苏。应充分暴露患儿胸部，进行胸外按压，掌根在胸部正中、双乳头连线中点（胸骨下半部）处向下垂直按压。胸外按压时，按压速率为100~120次/min，按压幅度至少为胸部前后径的1/3（大约5 cm），用力并快速按压，减少胸外按压的中断，保证每次按压后胸部完全恢复原状。

第二部分 家庭必须掌握的基本急救技术

11. 如何对儿童实施心肺复苏？

儿童心搏骤停大多是由严重缺氧及意外伤害等原因引起的，如窒息、溺水、触电等。现场儿童心肺复苏的操作流程包括胸外按压、开放气道和人工呼吸，即循环（C）—打开气道（A）—人工呼吸（B）。

（1）确认环境安全，做好自我防护。施救者要快速观察周围环境，判断是否存在潜在危险，并采取相应的防护措施保护患儿和自身安全。

（2）判断意识反应。轻拍患儿的肩膀，并在其两侧耳边大声地呼唤，判断其有无反应，如无反应，可判断为无意识。

041

AED 的使用方法：

（1）赶到患者身边，将其移到干燥的地方，取出 AED，打开开关。

（2）解开患者的衣物，充分暴露其胸部，将 AED 电极片按照仪器上的图示贴在其胸部。电极片分正极和负极两片，正极贴在患者右侧锁骨下，负极贴在患者左侧乳头外下方，千万不要贴反。

（3）提醒所有人不得接触患者，并进一步确认无人接触患者，等待 AED 对患者心率进行分析。若 AED 显示"建议电击"，按下电击键，进行除颤。

（4）除颤后继续进行 5 组心肺复苏，完成后等待 AED 进行下一次心率分析。

注意：① AED 瞬间可以达到 200 J 的能量，在给患者施救过程中，请在按下通电按钮后立刻远离患者，并告诫身边任何人不要接触患者；②患者在水中时不能使用 AED，患者胸部如有汗水需要快速擦干胸部，因为水会降低 AED 的功效。

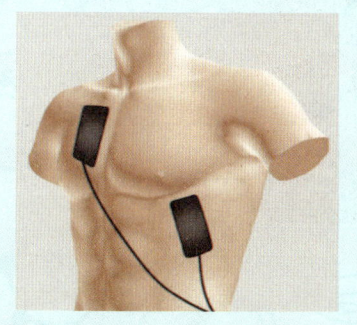 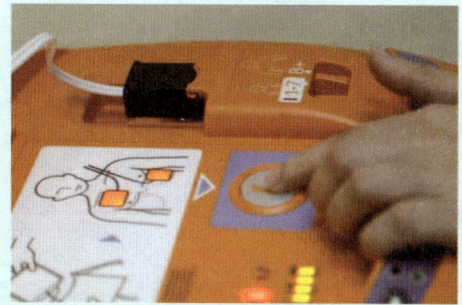

10. 如何使用 AED？

AED 是一种小巧轻便、简单易操作的除颤仪，能自动分析患者的心电图波形，并自动判断能否除颤，但是需要通过手动启动仪器。

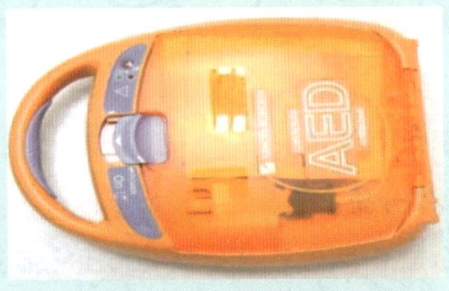

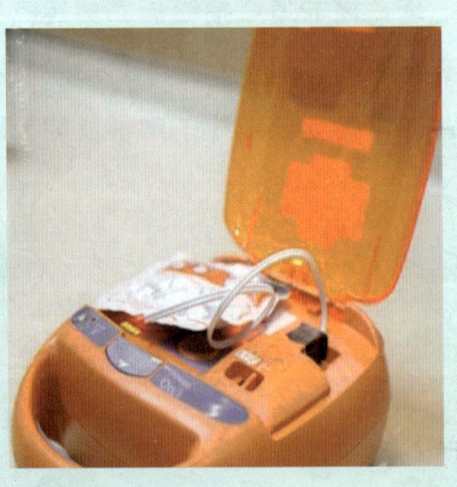

度至少 5 cm；⑤按压频率为 100~120 次/min；⑥手掌根部不能离开胸壁，放松时确保患者胸廓充分回弹；⑦单人操作按压通气比为 30 : 2（即按压 30 次，立即予以人工呼吸 2 次），双人操作按压通气比为 15 : 2。

（4）开放气道。在进行此项操作前，先清除患者口鼻腔的分泌物或者异物，防止分泌物或者异物随着开放气道深入气道，加重气道梗阻。目前开放气道有两种方法：一种是仰头举颏法，即施救者一只手置于患者前额，向后加压使其头后仰，另一只手的示指、中指置于患者颏部并上抬（此方法最常用）；另一种是双手托下颌法，即施救者位于患者头部前方，双手示指、中指和环指放在患者下颌角处，用力向前上方抬起下颌（颈部有损伤的患者可用此法）。

（5）进行人工呼吸。口对口呼吸是为患者提供氧气最快、最有效的急救方法，操作如下：施救者一只手放在患者前额，用拇指和示指捏住其鼻翼，另一只手使其嘴巴张开，深吸一口气，然后用自己的嘴巴将患者嘴巴全部包裹住，避免漏气，向患者嘴内吹气，使其胸部鼓起；吹气时间维持在 1~2 s；吹气结束后，立即松开患者鼻翼，待患者胸部回落，形成有效的人工呼吸。

有条件时可尽早使用自动体外除颤器（AED）进行除颤。在配置有 AED 的公共场所（如商场、机场、车站、运动场等），可以立即取得 AED 时，则优先使用 AED，再进行心肺复苏。

第二部分 家庭必须掌握的基本急救技术

停发生最为重要的一点,判断是否有心搏一般常用的方法为一手示指与中指并拢伸直(其余手指弯曲),置于患者气管正中部(相当于喉结的位置)旁开两指处,用指腹感受是否有搏动,判断时间为 6~10 s。心搏骤停发生突然,病情险恶,需要及早识别并启动急救系统。

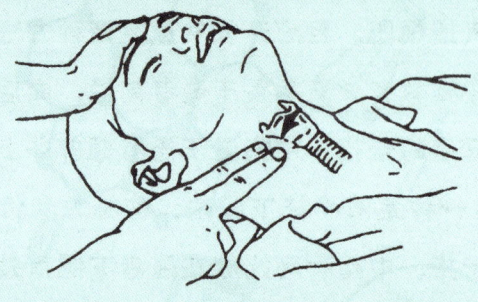

(2)启动急救系统,即拨打 120 急救电话。拨打急救电话时应该首先讲明事发现场的确切地址、患者和现场抢救的情况。更重要的是不要轻易挂断急救电话,必要时应在调度员指引下实施高质量的心肺复苏术或其他急救措施,保持与调度员的沟通直至对方要求挂断。

(3)徒手实施心肺复苏术,进行胸外心脏按压。注意事项如下:①充分暴露患者胸部,操作者左手掌根部放在患者胸骨下 1/3 交界处(即两乳头连线的中点),右手平行重叠于手背上;②操作者肩、肘、腕应位于同一轴线,身体与患者身体平面垂直;③胸外按压时以掌根部为着力点,肘关节伸直,依靠自身重力垂直向下按压;④按压深

9. 如何对成人实施心肺复苏?

对成人实施心肺复苏的程序一般如下:

(1) 判断是否发生心搏骤停。在确保周围环境安全的前提下,预先识别倒地的人是否发生心搏骤停的关键点是判断是否意识停止、呼吸停止、心搏停止。

判断意识是否停止:发现有人突然倒地或不动,首先要判断的就是他的意识状态,一般常用的方法为对其用力拍打呼叫,看他是否有反应。

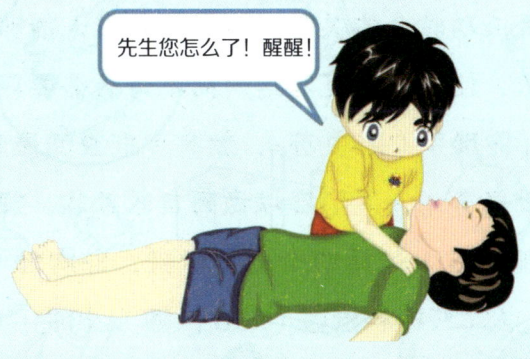

判断呼吸是否停止:患者如果意识停止,要迅速判断他是否有呼吸,一般常用的方法是用手指放在他的鼻前或用耳朵贴近他的口鼻处感受是否有气流,并侧头平视患者胸部是否有起伏变化。

判断心搏是否停止:判断心搏是否停止是识别心搏骤

第二部分　家庭必须掌握的基本急救技术

8. 掌握心肺复苏术很重要吗?

一旦心搏骤停,生命就会受到严重威胁,数秒钟内人就会没有反应,大约 1 min 呼吸就会停止,4 min 脑细胞就会死亡,超过 10 min 被抢救存活的可能性几乎为零。目前,中国每年有数十万人会出现心搏骤停。心搏骤停已经成为威胁我国广大人民群众生命和健康的重要杀手,而这一问题也随着我国生活水平的提高和老龄化社会的到来变得更加突出。

当发现有人突然倒下时,立即识别并进行高质量的心肺复苏术是成功救命的关键。如果现场有人能够在第一时间进行施救,使用心肺复苏这一简单得只需要用一双手的复苏技能(即徒手心肺复苏),就有可能挽回患者的生命。掌握了心肺复苏术,人们可以做到自救互救,提高生命存活率。心肺复苏术包括四个主要步骤,即胸外心脏按压、开放气道、人工呼吸和除颤(AED 除颤),简称"CABD"。

仅能做出简单的回答，回答时含糊不清，经常答非所问，停止刺激后又进入熟睡状态。

（4）昏迷。这是一种最为严重的意识障碍，患者没有自主意识活动，对外界各种刺激或自身内部的需要不能感知，如大小便失禁等。可有无意识的活动，任何刺激均不能将其唤醒。

7. 如何防止意识不清的患者发生窒息？

为防止意识不清的患者发生窒息，可采取以下措施：

（1）尽量让患者平卧，避免或减少不必要的搬动。

（2）松解患者衣领、腰带，清除其口鼻腔内呕吐物，将其头偏向一侧，仰头抬颌打开气道，以保持呼吸道通畅，有条件时立即吸氧。

（3）患者伴有抽搐时，快速将两根竹筷或小木棍缠上软布塞入其上下牙齿之间，防止舌咬伤。

（4）安置好患者后，迅速拨打120急救电话。

（5）注意观察患者呼吸、脉搏及神志的变化，一旦患者心跳、呼吸停止，立即进行心肺复苏。

6. 如何判断患者意识情况？

意识是指人们对自身和周围环境的感知状态，可通过言语及行动来表达。意识障碍是指人们对自身和环境的感知发生障碍或人们赖以感知环境的精神活动发生障碍的一种状态。意识障碍是由多种原因引起的一种严重的脑功能紊乱状态，是最常见的急性症状之一，有时患者甚至出现严重的违法行为，需要紧急识别和处理。

判断意识障碍的方法，主要是对患者进行语言刺激和其他各种刺激，观察其反应情况。按照患者的不同表现，意识障碍可分为以下几种：

（1）嗜睡。这是最轻的一种意识障碍，患者经常处于睡眠状态，给予较轻微的刺激（如轻声呼喊、轻拍肩膀）即可被唤醒，醒来后意识活动接近正常，但对周围环境的鉴别能力较差，反应迟钝，刺激停止后又重新入睡。

（2）意识模糊。这是比嗜睡程度更深的意识障碍，表现为思维和语言不连贯，对时间、地点、人物的定向力发生障碍，有产生错觉、幻觉，烦躁不安，胡言乱语或者精神错乱等表现。

（3）昏睡。表现为精神活动极迟钝，对较强刺激（用力按压眉毛处，大力摇晃身体等刺激）有反应。不易被唤醒，唤醒的时候能睁眼，但缺乏自主的表情，对反复问话

5. 如何正确开放气道?

保持气道的开放是维持呼吸通畅的前提，开放气道是急救的基本技能之一。开放气道一般指保持上呼吸道（声门以上的气道即为上呼吸道）的通畅。正常情况下上呼吸道是通畅无阻的，睡眠状态（特别是肥胖患者）、昏迷、醉酒等情况下可能出现上呼吸道梗阻，其常见原因是舌根后坠堵塞上呼吸道。

如果出现上呼吸道梗阻就会影响正常呼吸，这时就要采取措施保持上呼吸道的通畅。首先应保证患者口腔内没有异物（包括假牙、食物等）、呕吐物、分泌物等，在徒手清理的时候注意不要被咬伤。在清理完口腔里面的异物后，可以采用仰头抬颏法、仰头抬颈法、双手托颌法使后坠的舌根向前移动，并使头部充分地后仰，留出呼吸通道。

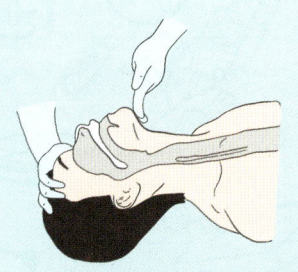
仰头抬颏法

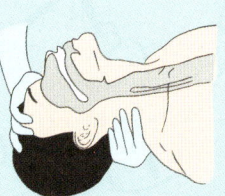
仰头抬颈法

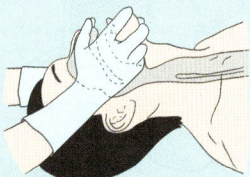
双手托颌法

第二部分 家庭必须掌握的基本急救技术

表1 不同年龄段人群脉搏的正常范围

年龄	性别	正常范围
出生~1个月	不限	70~170次/min
>1~12个月	不限	80~160次/min
>1~3岁	不限	80~120次/min
>3~6岁	不限	75~115次/min
>6~12岁	不限	70~110次/min
>12~14岁	男	65~105次/min
>12~14岁	女	70~110次/min
>14~16岁	男	60~100次/min
>14~16岁	女	65~105次/min
>16~18岁	男	55~95次/min
>16~18岁	女	60~100次/min
>18~65岁	不限	60~100次/min
65岁以上	不限	70~100次/min

4. 怎样正确测量脉搏？

脉搏就是我们体内动脉的搏动，是由心脏的跳动引起的动脉有节律的搏动。正常人的脉搏与心跳次数是一致的，所以我们可以通过测量脉搏的次数来推测心跳的次数。那如何测量脉搏呢？

测量脉搏的位置通常选择桡动脉，即在手腕部位的动脉。应在情绪稳定的时候测量，如果才进行了剧烈运动或存在情绪激动、哭闹等情况，应休息 30 min 后再测量。将需要测量的手腕放置在舒适的位置，用另一只手的示指、中指、环指的指端按压在腕部搏动最强的地方，按压力度适中，测量时间为 30 s，得出的结果乘以 2 即得到脉搏数（次/min）。不同年龄段人群脉搏的正常范围见表1。

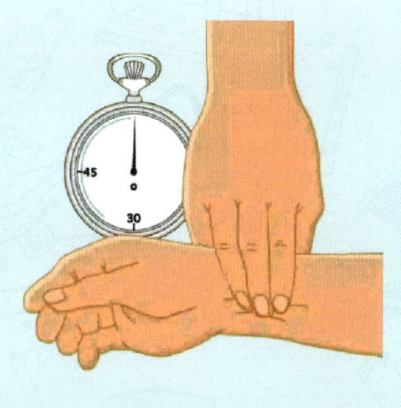

第二部分　家庭必须掌握的基本急救技术

次呼吸时，鼻孔急剧放大；皮肤暗沉；肋骨之间和胸部中央凹陷；呼吸时伴有喘鸣声、咕噜声或哭叫声；嘴唇和眼睑青紫；呼吸时整个肩膀或胸腔起伏。

（5）根据需要测量呼吸频率。如果你需要给身边的人反复测量呼吸频率，在非紧急的情况下，每隔 15 min 测一次；紧急情况下，每隔 5 min 测一次。反复检查呼吸频率可以及时了解病情恶化的预兆。可能的话，将呼吸频率记录下来，方便就医时使用。

3. 怎样正确测量呼吸频率？

呼吸是维持生命活动的基本体征之一。呼吸时我们会吸入氧气，排出二氧化碳。测定呼吸频率是确定一个人的呼吸道是否健康的重要方法。

（1）对呼吸进行计数。呼吸频率的单位是"次/min"。为了获得准确的测量结果，被测者需要保持静息状态，也就是说不能在运动之后马上测量。在测量之前，应维持最少 10 min 的静止状态。

（2）保持端正的坐姿。如果要测婴儿的呼吸频率，需要让他平躺在坚固的表面上，记下 1 min 内胸前起伏的次数。呼吸频率受意识状态的控制，可以用手按住被测者的手腕，转移他的注意力，同时观察他的呼吸状态。

（3）测量呼吸频率主要通过看胸部的起伏，根据起伏的次数来计算，一般观察 1 min，同时要观察呼吸的节律是否均匀。为了使结果更准确，可以测 3 次，然后取平均值。对于呼吸运动微弱的人，在看不到其胸部起伏的情况下，可以用棉花丝、小草等放在他的鼻孔旁或者用耳朵贴近他的口鼻来测量。

（4）正常成年人在安静状态下的呼吸频率是 12～24 次/min。如果呼吸频率大于或低于正常范围，并且也不经常运动，那么这可能是不健康的表现。呼吸困难的表现：每

第二部分　家庭必须掌握的基本急救技术

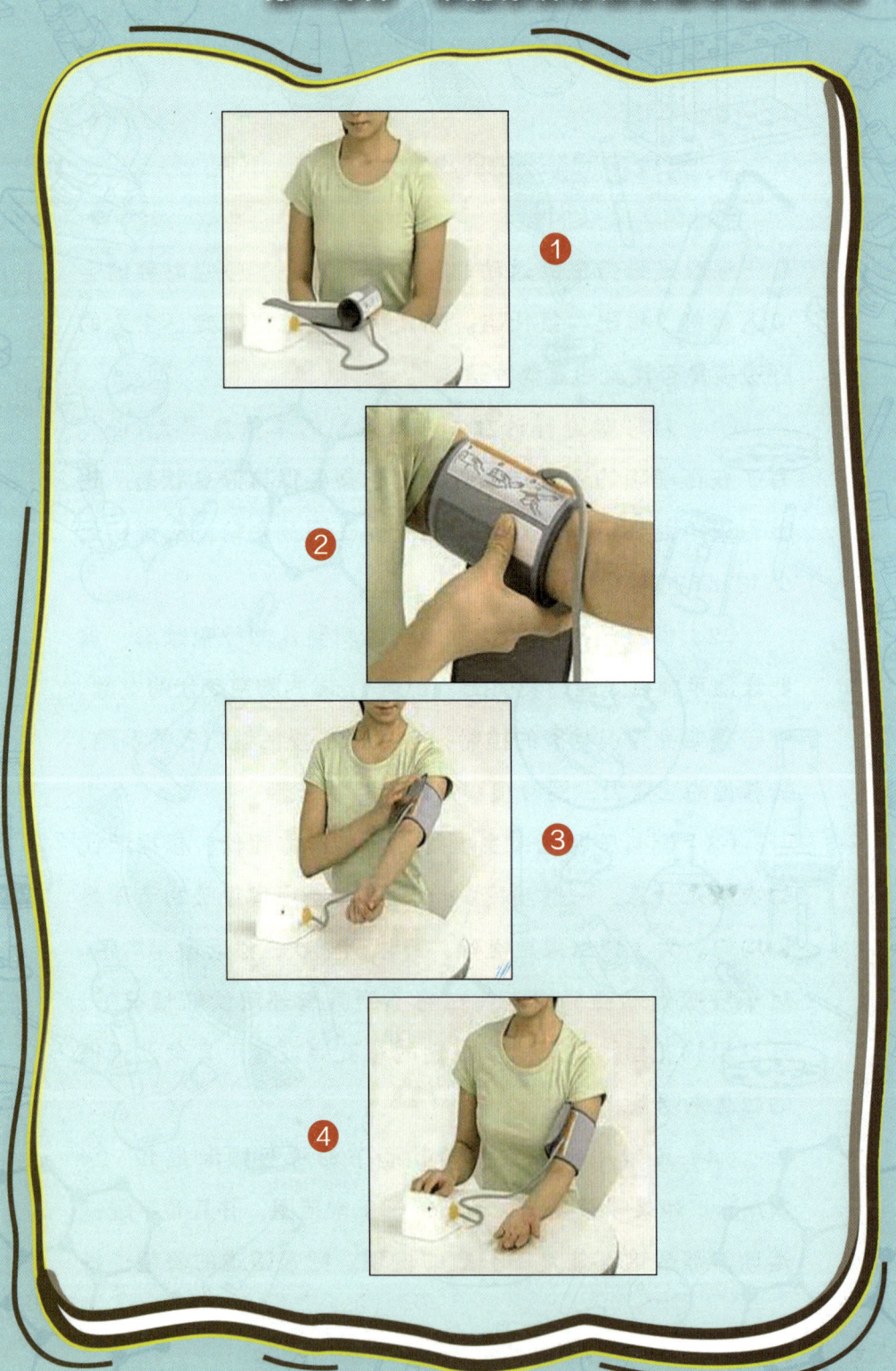

内应避免剧烈运动。对于初诊高血压或血压不稳定的高血压患者,建议每天早晨和晚上测量血压,各测2~3次,取平均值,并且连续测量7d,取后6d血压平均值。血压控制平稳且达标者,可每周自测1~2次,最好在早上起床后,服降压药前和吃早餐前以及排尿后,于固定的时间点选择坐位测量血压。

(3)测量方法。脱开衣袖,充分暴露上臂,排空袖带内的空气,将袖带平整地绑在上臂的中部,下缘距离肘窝2~3cm,松紧度为刚好能插入一根手指;应使手臂、血压计、心脏位于同一水平。上臂放得高于心脏,会使测得的血压过低;相反,则会导致测量结果过高。按下电子血压计的开始键进行测量,测量过程中保持上臂不动。有的人测完一次血压后,常常马上又打气测一遍,这也是不对的,会造成第二次测量结果偏低。一般应至少2 min后再次测量,取2次读数的平均值。

注意:血压计的袖带宽度应能覆盖上臂长度的2/3,同时袖带长度(带气囊部分)需达上臂周径的2/3。如果袖带太窄,则测得的血压值偏高;袖带太宽太长,则测得的血压值偏低。肥胖者应使用特殊的袖带。

2. 怎样正确测量血压？

正常人在安静状态下血压波动范围不大，正常血压范围为收缩压 90~139 mmHg，舒张压 60~89 mmHg。在未使用降压药物的情况下，18 岁以上成年人收缩压 ≥140 mmHg，舒张压 ≥90 mmHg 即为高血压。我国高血压患病率较高，且随着人口增多、老龄化加速，患者仍不断增多。我国人群高血压知晓率和控制率均较低，其中一个重要原因就是很多老百姓不会自己测量血压，或测量方法不规范，甚至很多高血压患者不了解自己的血压情况，仅凭感觉用药。而对于一些特殊的高血压患者，如老年高血压患者、难治性高血压患者和高血压孕妇等，不但要提防血压骤然升高，也要注意过度降压或血压自身波动等情况下的低血压。那么，我们在家该如何测量血压呢？

（1）血压计的选择。家中推荐使用经过国际或中国高血压联盟认证的上臂式电子血压计，方便又准确。一般不提倡使用腕式或手指式电子血压计。电子血压计应定期校准，每年至少 1 次。

（2）测量时间及环境。测量之前，应保持情绪稳定，在安静、温度适当的环境里休息 15~30 min，避免在应激状态下如憋尿、吸烟、受寒、喝咖啡后测血压。测血压前 1 h

家庭自救与互救的那些事

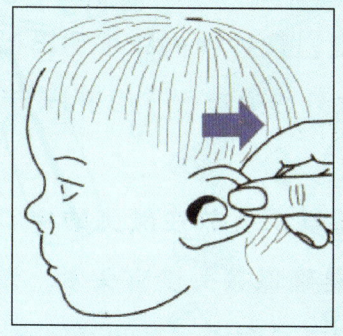 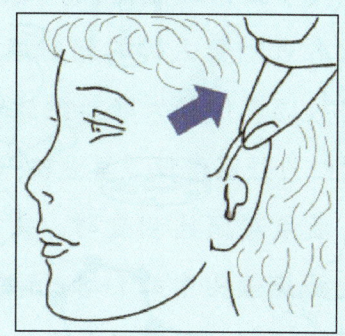

注意：受昼夜、环境温度，以及被测者年龄、性别、运动、饮食、压力和情绪等因素的影响，体温在一天内会有一定的波动，但波动范围不会超过1℃。一般情况下，腋窝温度超过37℃或口腔温度超过37.2℃，或一昼夜体温波动在1℃以上可称为发烧。以口腔温度为例：37.3~38.0℃为低度发热，38.1~39.0℃为中度发热，39.1~41.0℃为高热，超过41℃为超高热。

(3) 红外线温度仪。通过红外传感器以非接触或者接触的方式测量人体的辐射温度，几秒钟内即可测出温度。红外线温度仪分为非接触式红外线温度仪（额温枪）和接触式红外线温度仪（耳温枪）。

使用额温枪测量时，需将其探头放在额头的中心处，探头距离额头中心1~3 cm，要确保额头没有头发、汗水、帽子等遮挡。因其以无接触的方式测温，且测量迅速，通常用于大众人群中快速筛查发热患者。

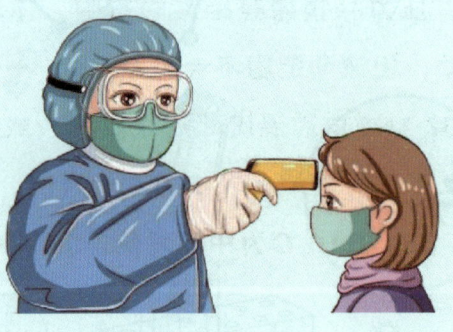

因耳道内的温度接近于人体体核温度且受影响因素少，使用耳温枪测量体温较额温枪更为稳定。使用前需更换耳温枪探头保护套，并检查保护套有无破损及污渍，避免因反复使用影响测量的准确性。测量3岁以下婴幼儿的耳温时，需将耳郭向下向后拉，使耳道平直，方便测量；测量3岁以上儿童的耳温时，需将耳郭向上向后拉起。不正确的测量方法可能导致测得的温度比实际温度低。耳温的正常范围为35.6~37.4 ℃。

（2）电子式温度计。测量体温所需的时间短，以数字的形式将体温显示出来，方便读数，灵敏度高。缺点是测量准确度会受到电子元件和电池性能的影响。

电子式温度计多用于测量口腔温度，测量时应将其放至舌头下方舌根的左侧或右侧，用舌头顶住后闭紧嘴巴，用手拿着避免移位。测量前 10 min 请勿饮用冰水或热水，测量时请紧闭口腔不要张开。专家提醒，测量口腔温度别用水银温度计。口腔温度的正常范围为 36.3～37.2 ℃。

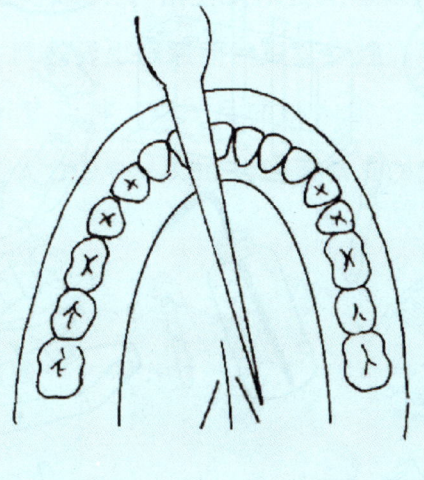

第二部分　家庭必须掌握的基本急救技术

1. 怎样正确测量体温？

目前常用的体温计有水银温度计、电子式温度计、红外线温度仪（耳温枪、额温枪）。不同类型的体温计使用方法也不同。

（1）水银温度计。通常用于测量腋窝温度，使用率最高。因为水银性能稳定，所以测量时产生的误差较小。但是水银温度计由于数字较小，对于视力较差者或老年人来说，使用不太方便，且较容易摔坏，有发生水银泄漏的风险。

使用前应检查温度计是否有破损，用75%酒精擦拭表面消毒，并将水银柱甩到35 ℃以下。测量腋温时，应擦干汗液，将温度计水银端放在腋下的中央部位并贴紧皮肤，不可接触到内衣物等；婴幼儿使用时，请轻轻压住其手臂，以免其腋下翘起。腋温测试时间原则上要达到10 min。测量完毕后用手捏住远离水银的另一端，将温度计与视线持平进行读数。腋温的正常范围为36.0~37.0 ℃。

第二部分
家庭必须掌握的基本急救技术

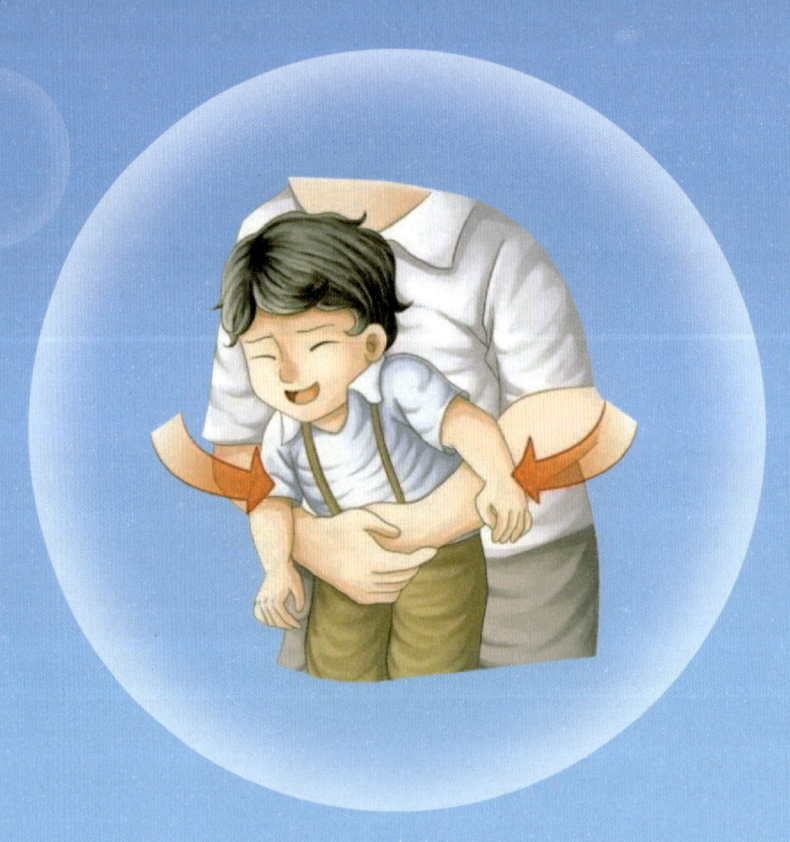

13. 骨折以后需要多喝骨头汤吗?

我们通常会误认为骨折以后需要喝大量骨头汤来促进骨折愈合，实际上这种想法是没有科学依据的。骨头汤中的营养物质主要是脂肪，而大量摄入脂肪会导致肥胖，不利于骨折患者的恢复。此外，骨头汤中的胶原蛋白含量非常少，而且这类胶原蛋白会先被分解成氨基酸再被消化系统所吸收，对骨头愈合的帮助微乎其微。喝骨头汤主要是补充钙和磷，骨折早期喝大量骨头汤，会促使骨质内无机质成分增高，导致骨质内有机质的比例失调，对骨折的早期愈合产生阻碍作用；还可能会在体内产生一些炎症介质，使骨折的疼痛肿胀症状加重。因此，建议骨折患者在恢复过程中适当增强营养，多吃一些新鲜的水果蔬菜，多进食高钙、高蛋白的食物，如鱼虾、牛奶、瘦肉、豆制品等，均有助于促进骨折愈合。同时，需要注意合理饮食搭配，以保证营养均衡。

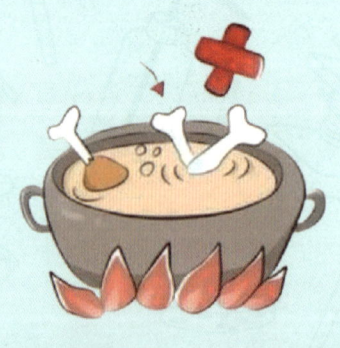

12. 受伤后可以吃深色的食物吗？

在坊间流传一种说法：受伤以后在伤口愈合期间千万不能食用深色的食物，否则伤口处皮肤会变黑。其实这种说法是没有科学依据的。这种说法往往基于两种思想：一种是对中医以形补形理论的错误理解，以为吃了深色的食物皮肤就会变成黑色。另一种是认为大多数的深色食物中都含有合成黑色素的酪氨酸。实际上虽然大多数深色食物中含有的酪氨酸在人体内可以合成黑色素，但是其含量相对较低，而且很多非深色的食物中也含有酪氨酸，因此通过饮食控制来抑制黑色素的合成是不可能的。此外，酪氨酸是一种蛋白质，它在胃肠道里面会被分解，无法通过口服的途径进入人体皮肤，因此吃深色食物也不会导致酪氨酸进入皮肤，引起伤口变黑。

吃酱油皮肤会变黑

11. 面部外伤一定需要美容缝合吗？

当我们的面部不小心受伤，我们往往会特别在意伤口愈合后的疤痕大小问题，因此特别希望能够进行美容缝合。但实际上面部外伤是否需要美容缝合，要根据伤口的情况来判断。如果面部存在外伤，但伤口较小，出血较少，没有明显的皮肤裂开或缺损，一般可以自行采取止血、消毒、加压包扎等方式处理，不需要进行美容缝合。但是，如果面部伤口较大，出血较多，皮肤裂开或缺损较大，就需要进行美容缝合，不进行美容缝合会导致伤口愈合不良，甚至留下明显的瘢痕，影响面部美观。另外，需要注意的是，面部伤口的缝合技术也有一定的讲究，如果使用的是不正规的美容针线或操作人员技术不够熟练，可能导致缝合后留下明显的瘢痕或产生不良反应。因此建议选择正规的医疗机构进行美容缝合，切勿轻信一些不正规医美机构的宣传。

10. 一定要有外伤才会骨折吗？

骨折并不一定都是由外伤导致的。在生活中，除了外伤导致的骨折以外，还有另外两种类型的骨折，即老年性压缩性骨折和病理性骨折。

老年性压缩性骨折最常见于中老年人，尤其是绝经后的女性。引起老年性压缩性骨折的原因有两方面：一方面随着年龄增长，人体内钙的流失比较严重；另一方面，在体内激素水平的调节，以及胃肠道吸收能力减弱的情况下，骨骼内的钙元素会减少，从而使骨密度降低。在自身重力的作用下，或者是因打喷嚏、剧烈咳嗽致腹内压增高，就有可能导致压缩性骨折。这种骨折通常发生在人体的胸椎以及腰椎椎体。

病理性骨折指在某些疾病基础上出现的骨折，最常见的原因是骨的原发性或转移性肿瘤，其他可能导致病理性骨折的因素还有骨质疏松、内分泌紊乱以及骨与软骨的发育障碍性疾病等。与单纯外伤性骨折不同，病理性骨折的骨骼预先被某些病侵蚀、破坏、蛀空，如遇到轻微的外力，甚至没有外力只因自身的重力作用就可以自发骨折。因此，当发生骨折时如果导致骨折的外力十分轻微，骨折前该部位已存在疼痛，在同一部位或其他部位过去曾发生过骨折时，则应警惕有病理性骨折的可能。

9. 家庭急救包应配置哪些东西?

现代家庭一般都备有常用药,以备患病时使用。家庭急救包应该包括各种有可能用到的药品,例如解热止痛药、治感冒类药、止咳化痰药、助消化药、止泻药、胃肠解痉药、抗心绞痛药、抗过敏药、眼药水及外用消毒药水。此外还应该准备一些医疗用品,如纱布、绷带、止血带、胶布、创可贴、消毒棉签、医用酒精或碘酒、体温计、剪刀等。一旦发生意外,可以利用里面的应急救护物品进行急救和互救。不推荐将抗生素作为家庭常备药,因为抗生素是处方药,必须在医生指导下使用,不适用于家庭应急。家庭急救包应注意合理存放,分类标注,注明有效期和失效期,定期检查,有照顾特殊家庭成员的药品时,需保留说明书。有条件的话,还可以准备一个"防灾救援包",放一些食品、饮用水、电池等物品,并注意定期更换,避免过期。

8. 什么是创伤救治的"黄金一小时"?

严重创伤后的死亡高峰期是创伤后数分钟至1h。创伤后数分钟内的现场死亡，通常难以救治。而创伤后的1h又被称为"黄金一小时"，在很大程度上决定伤者的最终结局。该阶段死亡原因主要为血气胸、肝脾破裂、骨盆骨折等多发伤造成的大出血，如在伤后的1h内能够及时完成控制出血，解除窒息，保持呼吸道通畅，有效干预并控制休克，开展确定性救命手术以抢救胸、腹、盆腔的内脏损伤出血，严重的颅脑损伤等危及生命的病症，大部分患者可免于死亡，从而获得较高的急救生存率。

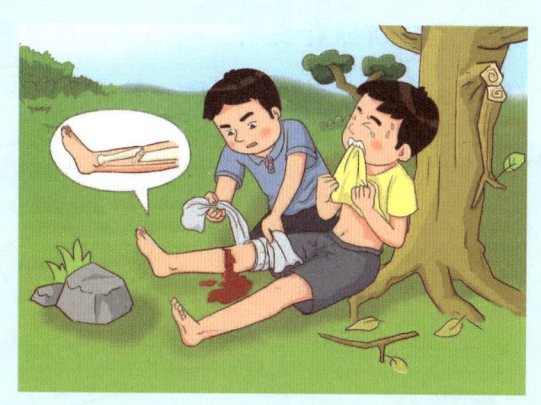

7. 什么是心搏骤停的"黄金四分钟"?

当患者突发心搏骤停时,全身的血液随即停止流动,无法对身体各器官有效地供应氧气,而大脑对缺氧的耐受能力极差,当大脑缺氧时间超过 10 s,患者就会突然倒地、意识丧失;缺氧时间超过 30 s,大脑对四肢肌肉失去控制能力,患者即表现为抽搐、大小便失禁;缺氧时间超过 1 min,患者自主呼吸会逐渐停止;缺氧时间超过 3 min,脑细胞开始出现水肿,患者表现为双侧瞳孔不等大,即脑疝形成;缺氧时间超过 4 min,脑细胞开始出现不可逆的损伤,患者此时即使被抢救成功,也可能出现不同程度的后遗症。因此,作为目击患者倒地的"第一抢救者",你必须比"120"更快!在患者倒地后的 4 min 内立即实施心肺复苏术,这对挽救患者的生命至关重要。有研究表明,心搏骤停患者在被送到医院前,有1/4~1/3的人因接受过"第一抢救者"的心肺复苏术,从而保住了生命。

6. 为什么要进行现场安全性评估？

在各种突发事件中，救援人员要做到对现场情况进行客观评估，对患者所处的状态进行科学判断，分清病情的轻重缓急，确保急救环境的安全。救援人员进入现场前，首先应评估整个现场的环境情况。评估时要保持镇定，迅速观察、了解现场情况，包括引起患者受伤和发病的原因和受伤人数，患者、旁观者及自身是否身处险境，患者周围是否仍有威胁生命的因素存在，等等。救援人员需要明白，在事发现场进行救护时，自身也有可能受到威胁和伤害，所以应首先确保自身安全。因个人能力有限，救援人员在进行救护时，不要试图兼顾太多的工作，要发挥团队精神，及时选定合适的旁观者、热心人士分工合作，共同救助。在现场救护中，救援人员为了保护自身的安全，有时候需要适当地使用一些防护用品，如手套、护目镜，甚至隔离衣等，其目的是尽可能隔离病原体或危险因素。

第一部分　家庭自救与互救必备基本常识

身边。

再次，回答120急救电话接线员要了解的其他相关问题，并等待120急救电话接线员挂机后再结束通话，切勿急忙挂机，以免造成对方遗漏重要细节。

最后，结束通话后，尽量及时前往约定好的地点接应救护车，保持手机畅通，不要占线。见到救护车之后应主动上前接应，带领急救人员赶赴现场，切忌将患者扶到或抬到等待救护车的地点，以免在搬运途中加重病情或伤情。

教你如何正确拨打120急救电话

5. 应该怎样正确拨打120急救电话？

我国统一的急救电话号码为"120"。拨打这个号码是向急救中心呼救的最简便且快捷的方法。当有人突发急症或受到意外伤害时，要立即拨打120急救电话，获得急救中心、急救站或附近医疗机构的帮助，请专业人员前来抢救。120急救电话免收电话费，手机在锁机、欠费状态下也可直接拨打。

拨打120急救电话的注意事项：

首先，接通急救电话后要保持沉着、冷静，注意语言清晰、准确、精练，确认对方为急救中心后重点说明以下情况：①患者的姓名、性别、年龄等；②患者的简要病情和受伤、发病时间，当前主要症状，如胸痛、意识不清、呼吸困难，被汽车撞伤了流血不止等，如果了解患者的病史，要一并说明；③已经采取了哪些现场急救措施，救治效果如何；④患者当前位置的详细地址，如门牌号、楼号、单元、楼层，如果在公共场合，不清楚具体地址，可说明附近有何标志性建筑。

其次，约定好等候、接应救护车的确切地点。等车的地点最好选择就近的公交车站、较大的路口、胡同口、标志性建筑、醒目的公共设施等处，这样可以尽量避免救护车因对地理环境生疏而发生延误，以便更快地到达患者

4. 对他人进行急救造成伤害要承担法律责任吗?

随着时代的进步与社会的发展,家里的电器设施、出行的交通工具越来越花样繁多,人们的活动空间也越来越大,除了日常前往工作场所、娱乐场所以外,节假日还可以去外地旅游,更有人酷爱运动,如滑雪、攀岩等。如此一来,发生意外伤害的隐患也越来越多,而发生意外伤害时往往都需要现场目击者的及时救治。这时,如果救助患者导致进一步损害会不会被要求承担相应责任就成为横亘在救助者心里的一道坎。因此,《中华人民共和国民法典》第一百八十四条明确规定:因自愿实施紧急救助行为造成受助人损害的,救助人不承担民事责任。所以大家在面对需要紧急救助的对象时应该放心大胆地去正确施救。

3. 为什么需要人人学急救?

《中国心血管健康与疾病报告》报道,我国每年约有54.4万人发生猝死,其中60%的猝死发生在医院外。当患者发生猝死,最佳的抢救时间为4 min内,但我国每年大中城市医院急救人员到达现场的平均时间约为15 min,其他地区因为医疗资源相对匮乏,时间更长。因此,待医院急救人员到达现场再进行抢救往往错过最佳时机。猝死发生时的目击者是开展急救的第一人选,这就需要每一个人都具备一定程度的急救技能,因此提倡"人人学急救,急救为人人"。

急救小知识　安全你我他

2. 休克就是昏迷吗?

日常生活中,我们往往把休克和昏迷混淆,但实际上休克和昏迷是两个不同的概念。休克是指肌体遭受强烈的致病因素侵袭后,组织血流灌注广泛、持续、显著减少,致全身微循环功能不良,生命重要器官功能障碍而出现的一系列表现,包括面色苍白、烦渴、心率增快、血压下降,严重的可致意识障碍甚至死亡。休克是一个医学专业术语,它是身体的一系列病理生理过程而不是一个单独的外在表现。而昏迷是完全意识丧失的一种类型,主要表现为完全意识丧失、自主运动消失、对外界刺激的反应迟钝或丧失,但患者还有呼吸和心跳。

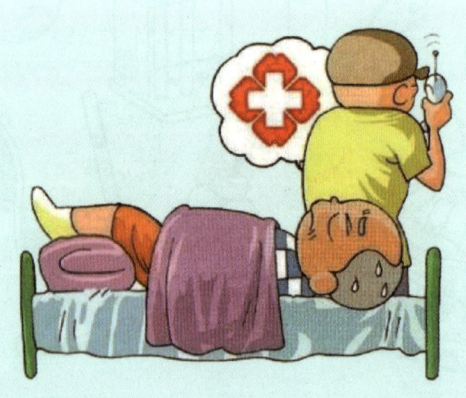

吸频率约增加4次/min。呼吸频率超过24次/min称为呼吸过速，少于12次/min称为呼吸过缓。

（4）血压。血压通常指体循环的动脉血压，是血管内的血液对血管壁产生的压力。心脏收缩时，动脉内压力急剧升高，在收缩中期达最高值，此时的血压称为收缩压；心脏舒张时，动脉内压力下降，在舒张末期达最低值，此时的血压称为舒张压。理想的血压为收缩压90~120 mmHg，舒张压60~80 mmHg；正常的血压为收缩压90~130 mmHg，舒张压60~85 mmHg；正常血压高值为收缩压130~139 mmHg，舒张压85~89 mmHg；收缩压＞140 mmHg，舒张压＞90 mmHg则为高血压。

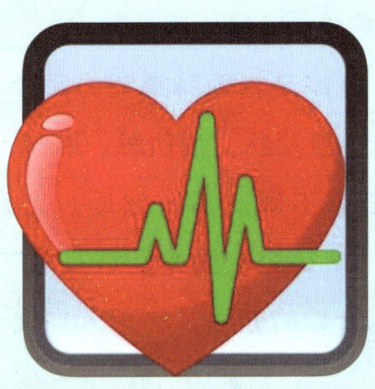

第一部分　家庭自救与互救必备基本常识

1. 什么是生命体征？

生命体征是评价生命活动存在与否及其质量的指标，也是评估身体疾病危重程度的重要指标之一。生命体征包括体温、脉搏、呼吸、血压，它们是维持机体正常活动的支柱，缺一不可，不论哪项异常都提示可能存在严重或致命的疾病。

（1）体温。体温可采用腋测法（正常值为 36.0~37.0 ℃）、口测法（正常值为 36.3~37.2 ℃）、肛测法（正常值为 36.5~37.7 ℃）三种不同的方法测量。正常情况下，人体一天的体温有一定的波动。早晨体温略低，下午略高，在 24 h 内波动幅度一般小于 1 ℃；在运动或进食后体温略高；老年人体温略低，女性在月经前或妊娠期体温略高。

（2）脉搏。脉搏是指动脉搏动的频率及节律。常用检查部位有桡动脉、股动脉、颈动脉。脉搏可因年龄、性别、活动、情绪状态等不同而有所波动，正常成人的脉搏为 60~100 次/min，儿童的较快（婴幼儿的可达 130 次/min），老年人的较慢，女性的较快，一般人在夜间睡眠时的脉搏较慢。

（3）呼吸。成人静息状态下正常呼吸频率为 16~20 次/min，呼吸深度及节律都很规律，呼吸频率与脉率的正常比例约为 1∶4。发热时呼吸频率增快，体温每升高 1 ℃，呼

第一部分
家庭自救与互救必备基本常识

11. 孩子的手只是被拉了一下，怎么就动不了了呢？
.... 191

12. 如何处理儿童鼻出血？ 193

2. 流行性感冒有哪些症状? ················· 165

3. 禽流感只有家禽会患病吗? ··············· 166

4. 新型冠状病毒感染如何预防? ············· 167

5. 为什么不可以生食水产品? ··············· 169

6. 蚊子会传播哪些疾病? ··················· 170

7. 为什么易拉罐饮料不要直接对嘴喝? ······· 171

8. 手足口病家庭如何处理? ················· 172

9. 如何预防结核病的家庭传播? ············· 173

10. 如何预防肝炎的家庭传播? ·············· 174

第八部分　儿童急救：为人父母的必修课 ······ 175

1. 新生儿呛奶怎么办? ····················· 177

2. 新生儿黄疸怎么办? ····················· 179

3. 如何防范孩子窒息? ····················· 180

4. 孩子窒息如何处理? ····················· 181

5. 孩子发烧怎么办? ······················· 182

6. 孩子发烧抽筋怎么办? ··················· 184

7. 为什么孩子会解果酱样大便? ············· 185

8. 儿童腹泻怎么办? ······················· 187

9. 儿童腹泻如何预防? ····················· 188

10. 儿童呕吐怎么办? ······················ 189

5. 发生地震如何自救? ……………………………… 137
6. 遇到泥石流如何自救? …………………………… 139
7. 发生水灾如何自救? ……………………………… 140
8. 雪盲症如何处理? ………………………………… 142
9. 遇到冰雹如何自救? ……………………………… 143
10. 遇到龙卷风如何自救? …………………………… 145

第六部分　急性中毒：火眼金睛　快速识别 … 147

1. 家人酒精中毒（醉酒）怎么办? ………………… 149
2. 不慎饮用假酒（甲醇）怎么办? ………………… 150
3. 安眠药中毒怎么办? ……………………………… 151
4. 急性食物中毒怎么办? …………………………… 152
5. 杀虫剂中毒怎么办? ……………………………… 153
6. 百草枯中毒怎么办? ……………………………… 155
7. 蘑菇中毒怎么办? ………………………………… 156
8. 亚硝酸盐中毒怎么办? …………………………… 158
9. 重金属中毒怎么办? ……………………………… 159

第七部分　传染病防治：将"它"扼杀在流行之前
161

1. 普通感冒如何防治? ……………………………… 163

15. 切割伤怎么办？ ………………………………… 109
16. 踝关节扭伤怎么办？ …………………………… 110
17. 腰扭伤怎么办？ ………………………………… 112
18. 肌肉拉伤怎么办？ ……………………………… 113
19. 关节脱位怎么办？ ……………………………… 114
20. 哈哈大笑或者打哈欠后合不拢嘴怎么办？ …… 115
21. 摔伤怎么办？ …………………………………… 116
22. 耳部外伤怎么办？ ……………………………… 117
23. 头部外伤怎么办？ ……………………………… 119
24. 口腔外伤怎么办？ ……………………………… 121
25. 上肢骨折怎么办？ ……………………………… 122
26. 下肢骨折怎么办？ ……………………………… 123
27. 肋骨骨折怎么办？ ……………………………… 125
28. 脊柱骨折怎么办？ ……………………………… 126
29. 肢体离断怎么办？ ……………………………… 127
30. 骨盆骨折怎么办？ ……………………………… 128

第五部分　突发灾害：处变不惊　从容应对 … 129

1. 一氧化碳（煤气）中毒怎么办？ ……………… 131
2. 被困电梯怎么办？ ……………………………… 132
3. 发生火灾如何自救？ …………………………… 134
4. 发生车祸如何处理？ …………………………… 135

16. 突发昏迷怎么办？ …………………………… 081

17. 突发癫痫怎么办？ …………………………… 082

18. 突发半身不遂怎么办？ ……………………… 083

19. 中暑怎么办？ ………………………………… 084

20. 哮喘发作怎么办？ …………………………… 085

21. 急性过敏怎么办？ …………………………… 086

第四部分　意外伤害：防不胜防　及时救治 … 087

1. 发现有人溺水怎么办？ ……………………… 089

2. 发现有人触电怎么办？ ……………………… 091

3. 烧烫伤怎么处理？ …………………………… 093

4. 冻伤怎么处理？ ……………………………… 095

5. 鱼刺卡喉怎么办？ …………………………… 096

6. 异物吸入气管怎么办？ ……………………… 097

7. 吞食异物怎么办？ …………………………… 098

8. 眼内有异物怎么办？ ………………………… 099

9. 被猫、狗咬伤或抓伤怎么办？ ……………… 100

10. 被蜂蜇伤怎么办？ …………………………… 102

11. 被蛇咬伤怎么办？ …………………………… 103

12. 被蝎子蜇伤怎么办？ ………………………… 105

13. 被蜈蚣咬伤怎么办？ ………………………… 106

14. 有人从高处坠落怎么办？ …………………… 107

20. 止血的正确方法是怎样的？ …………………… 056
21. 包扎的正确方法是怎样的？ …………………… 057
22. 固定的正确方法是怎样的？ …………………… 059
23. 正确的搬运方法是怎样的？ …………………… 061

第三部分　家庭常见急症：迅速判断　立即处理
……………………………………………… 063

1. 心搏骤停怎么办？ ……………………………… 065
2. 休克怎么办？ …………………………………… 066
3. 发烧怎么办？ …………………………………… 068
4. 突发头痛怎么办？ ……………………………… 069
5. 突发胸痛怎么办？ ……………………………… 070
6. 突发腹痛怎么办？ ……………………………… 071
7. 突发腹泻怎么办？ ……………………………… 072
8. 呕血怎么办？ …………………………………… 073
9. 咯血怎么办？ …………………………………… 074
10. 鼻出血怎么办？ ………………………………… 075
11. 便血怎么办？ …………………………………… 076
12. 尿血怎么办？ …………………………………… 077
13. 突发头昏怎么办？ ……………………………… 078
14. 突发眩晕怎么办？ ……………………………… 079
15. 突发晕厥怎么办？ ……………………………… 080

13. 骨折以后需要多喝骨头汤吗？ ……………………… 017

第二部分　家庭必须掌握的基本急救技术 …… 019

1. 怎样正确测量体温？ …………………………… 021
2. 怎样正确测量血压？ …………………………… 025
3. 怎样正确测量呼吸频率？ ……………………… 028
4. 怎样正确测量脉搏？ …………………………… 030
5. 如何正确开放气道？ …………………………… 032
6. 如何判断患者意识情况？ ……………………… 033
7. 如何防止意识不清的患者发生窒息？ ………… 034
8. 掌握心肺复苏术很重要吗？ …………………… 035
9. 如何对成人实施心肺复苏？ …………………… 036
10. 如何使用 AED？ ………………………………… 039
11. 如何对儿童实施心肺复苏？ …………………… 041
12. 如何对婴儿实施心肺复苏？ …………………… 044
13. 如何对孕妇实施心肺复苏？ …………………… 046
14. 对创伤所致心搏骤停者如何施救？ …………… 047
15. 对溺水所致心搏骤停者如何施救？ …………… 048
16. 对窒息所致心搏骤停者如何施救？ …………… 049
17. 心肺复苏要注意哪些情况？ …………………… 050
18. 气管异物梗阻时怎么使用海姆立克急救法？ … 051
19. 什么是创伤急救"四步法"？ ………………… 055

目　录

第一部分　家庭自救与互救必备基本常识 …… 001

1. 什么是生命体征？……………………………………… 003
2. 休克就是昏迷吗？……………………………………… 005
3. 为什么需要人人学急救？……………………………… 006
4. 对他人进行急救造成伤害要承担法律责任吗？… 007
5. 应该怎样正确拨打120急救电话？………………… 008
6. 为什么要进行现场安全性评估？…………………… 010
7. 什么是心搏骤停的"黄金四分钟"？……………… 011
8. 什么是创伤救治的"黄金一小时"？……………… 012
9. 家庭急救包应配置哪些东西？……………………… 013
10. 一定要有外伤才会骨折吗？………………………… 014
11. 面部外伤一定需要美容缝合吗？…………………… 015
12. 受伤后可以吃深色的食物吗？……………………… 016

衷心希望广大读者通过阅读这套丛书获得科学的健康知识,并将获得的健康知识融入日常生活中。愿每个人更健康,每个家庭更幸福!

中国健康管理协会副会长

序

每个人都是自己健康的第一责任人，同时也对家庭和社会负有健康责任。普及健康知识，提升全民健康素养，是提高全民健康水平最根本、最经济有效的措施之一。《健康中国行动（2019—2030年）》提出，要推进健康知识普及，实现从"以治病为中心"向"以健康为中心"的转变。以科普的方式将健康领域的科学方法、科学思想和科学精神传播给公众，提升公众健康素养，帮助公众学会自我健康管理，对于"健康中国"的建设和实现人民对美好生活的向往都有着重要的意义。

由贵州省疾病预防控制中心领衔，国内多位专家参与编纂的"健康贵州"丛书即将出版第四辑。本丛书以问答形式，图文并茂地对大众关心的健康问题进行了深入浅出的解答。本丛书编委会的各位专家秉着集腋成裘、聚沙成塔的精神，致力于做科学、权威、实用、通俗易懂的科普，为全民健康事业做出了积极的贡献。